私たちテルヤ電機です。

テルヤデンキ
TERUYA DENKI CO.,LTD

100年続く会社の理念と挑戦

編著 テルヤ電機株式会社

アスコム

私たち テルヤ電機 です。

テルヤデンキ
TERUYA DENKI CO.,LTD

100年続く会社の
理念と挑戦

編著 テルヤ電機株式会社

アスコム

電気一筋100年の重み

江川和宏

テルヤ電機株式会社
代表取締役社長

はじめに

２０２４年の今から１００年前、１９２４年（大正13年）にテルヤ電機は創業しました。当時は初めての冬季オリンピックが開催されたり、皇太子であった後の昭和天皇がご結婚されたり、阪神甲子園球場が竣工されたりした、そんな時代です。そして、１９２３年に発生した関東大震災の翌年でもあります。

関東大震災は大きな時代の転換点になりました。東京都心では被害の少なかった丸の内や大手町にビルが次々と建てられ、鉄道や幹線道路が再整備されるなど、近代都市へ向けて復興にまい進していたのです。

本書のマンガには、当時を描いたこんなシーンが出てきます。
テルヤ電機の創業者である私の祖父が、震災の被害を受けた瓦礫の山を目の当たりにして「これからは電機資材が売れる」と直感するシーンです。

創業者は時代の変化に直面し、その先の未来を予見したのでしょう。だからこそ今もこうしてテルヤ電機は事業を続けられているのです。

これは慧眼であったと感じる一方で、こんなふうにも思うことがあります。

震災の翌年に会社を創った創業者は、100年後も会社が残っていることを、はたして想像していたであろうか……と。

当時の人たちの心情は、今となっては知る由もありません。100年後のことなど想像もつかなかったかもしれません。しかし2024年にテルヤ電機を経営している私は、この先の100年後もきっとこの会社は続いていると確信しています。

創業100年を迎えると、「この先どんな新しいビジョンを描いていますか？」と聞かれることがよくあります。おそらく、何か新しいことへの挑戦や変革といったユニークな話を期待されているのでしょう。

しかし申し訳ないことに、私の答えはいつも「ありません」となってしまいます。慢心していくのではなく、これまでと変わらぬ努力を続けていくことが一番のビジョンである、という意味です。

テルヤ電機は今日までの100年間、電気一筋でやってきました。同じことをこの先の100年も続けていくことが、私たちの経営方針であり、また役割でもあると思うのです。

日本が好景気に沸いていたバブルのころ、不動産投資や新規事業の立ち上げに失敗し、損失を出したり、倒産したりする企業が少なくありま

せんでした。もちろんテルヤ電機にも、そうした投資や事業への誘いはありましたが、一切受けることなく本業にまい進してきました。結果、バブルの極端な恩恵に預かることもなければ、被害に遭うこともなかったのです。実にテルヤ電機らしいと思います。

誤解してほしくないのですが、新しいことへの挑戦は素晴らしいことです。それに挑戦には失敗がつきものですから、挑戦すること自体を否定するつもりはありません。ただ、それ以上に私がテルヤ電機の経営者として重視しているのは「テルヤ電機に期待されている役割」なのです。

電気一筋のビジネスで100年間続いてきたテルヤ電機には、これまで支えていただいた取引先や社員が大勢います。皆さんが私たちに期待していることは何でしょうか。電機関連の商材やシステム、サービスをプロとして変わらず提供し続け、より質を高めていくことではないでしょうか。

テルヤ電機のビジネスは地味かもしれません。しかし懸命に粛々と続けてきたからこそ、100年企業の仲間入りをすることができました。これは何ものにも代えがたい価値なのではないかと思います。
実際に私は日々、お客様を訪問し、現場の声を聴かせていただいています。強く感じるのは、やはり電機部品のサプライヤーとして頼りにしていただいている、ということです。その期待に応え、ご満足いただくことに、何よりも価値があると実感します。

ありがたいことに、テルヤ電機にはこれまで築いてきた「強みを活かせる土俵」があり、お客様にも恵まれています。この土俵をみだりに出ることなく、あくまでも土俵の中で強みをさらに磨き、より安定した経営を目指すことが私のビジョンです。
これは100年の歴史を積み重ねてきた企業だからこその、あるべき姿だと思います。

これから100年も
理念実現のために

自分たちは何のために仕事をしているのか。これはいつも自問自答して、決してブレてはいけないことだと考えています。経営者である私はもちろん、テルヤ電機で働く一人ひとりも同じであってほしいと思います。

会社は経営理念を実現するために経営されるのが当然です。

テルヤ電機の経営理念は次の通りです。

■私たちの会社は電設資材並びに制御機器の総合商社として、その流通機構の一端を担い、地域社会に貢献する。

■私たちの会社は全員一丸となり、創意工夫と忍耐努力を以って長期的目標に向かい、維持発展を志す。

■私たちの会社は常に適正な利益を追求し、私たちの会社に関連する利益関係者に適正に還元し、全てが健康にして安定した豊かな生活を築くために経営する。

私たちはこの経営理念を週に1回、社員みんなで確認しています。昭和レトロなやり方に思えるかもしれませんが、先代の経営者のときから変わらずに続けています。
私は「日々、何のために仕事をしているのか」という、理念への共感は時代を問わず企業経営に欠かせないものだと思います。

会社には20代から60代まで幅広い年代の人が集まっていますから、価値観や考え方の世代間ギャップが必ず生じるものです。いつの時代も同じです。今の20代も、やがて50代、60代になればきっと「若者がわからない」と感じるのでしょう。
しかし、どれだけ世代間ギャップがあろうとも、経営理念が社員をつなぎます。
価値観や考え方が違うのは仕方がないこと。ただ、20代が考える地域社会への貢献、60代が考える地域貢献というように、目指すところが同じであればいいのではないでしょうか。その目指すものが経営理念なのです。年齢も時代も関係なく、みんなで考えれば理念実現の道はきっと見つかると信じています。
反対に、経営理念に共感できないとか、目指すことができない人は、おそらく居心地が悪くなって去っていくでしょう。それもまた年齢も時代も関係のないことです。

なぜテルヤ電機が100年間も続いてこられたのか。

それは経営理念と本業をしっかりと真ん中に置いて、決して足を踏み外さずに日々仕事をしてきたからです。

近年はビジネスカジュアルを導入したり、バックオフィスのDXを進めたりして、経営のスタイルは時代に合わせて柔軟に変えています。今後AIが使えるようであれば、積極的に投資していくでしょう。ただしこれらの目的は、常に理念の実現と、本業に付加価値をもたらすことなのです。

この本では、テルヤ電機がどのように時代の荒波を越えて100年の歴史を創ってきたかを描く100年史と、今のテルヤ電機の日常を描いた少しコミカルなストーリーの両方を詰め込みました。伝統ある老舗のイメージとは若干ギャップを感じるところもあると思いますが、それがテルヤ電機らしさです。

創業１００年という節目に、このような本を出す機会に恵まれ、嬉しく思います。ぜひ本書を読んで、１００年続く事業のヒントのようなものを感じていただけたら幸いです。

２０２４年６月　江川 和宏

テルヤデンキ
テルヤ電機 株式会社
来客用

私たちテルヤ電機です。 １００年続く会社の理念と挑戦　目次

第1部

テルヤ電機の100年

〜電気一筋で
どんな危機も乗り越えてきた
長寿企業のストーリー〜

プロローグ
オーストラリア・ケアンズ
Jackさん 素晴らしい景色だ!
でしょ!
テルヤ電機社長
江川和宏
来年 ここでトライアスロンがあるんですよ
一緒に出ませんか?
いやいや無理ですよ
私は多少マラソンの経験があるぐらいですから…

Ochre
MODERN
絶対一緒に出ましょう!
う～～ん…
何を悩んでいるんですか
テルヤ電機と言えば『やってみなはれ!!』がモットーでしょう!
社長が範を垂れなくてどうするんですか
そうだ!『やってみなはれ!!』だ
ようしッ! 一緒に出ましょう!!
わ～っ
パチ パチ
パチ パチ

翌年——
ワァァァ
やるからには全力を尽くそう！
プァァァーン…
この荒海を泳ぐのは大変だッ
ザザザァ
初代も先代の社長もこうやって時代の荒波を乗り越えてきたんだ
私も負けないぞッ！

タッ
やはりここでの時間の使い方が勝負所になるんだなッ
このスピードは時代の進化との競争に感じられる!
自分も我が社も時代の進化に取り残されてはならないッ!

HOKA
ハァ
ハァ
ハァ
ハァ
フー
しんどいぞッ
この先の
経営者としての
耐久力を試されて
いるようだ……
タッ
タッ
タッ
IRONMAN
E.KAZUHIRO JAPAN
15:02:07
オオオ
オオオ
IRONMAN
1133
パチパチ
パチパチ……
パチパチ
スッ
いかがでした？
うん
楽しかった
それに勉強に
なりましたよ

ゴールした後に勉強になったとおっしゃってましたけど…
勉強というよりトライアスロンで得たものかな
それは？
基本的には健康と体力でしょ
それに練習時間を作り出すタイムマネージメントが必要ですし
参加している人を通して経営者や弁護士といった人脈ができましたよ
ハハハ…
ふーん…この人が社長のテルヤ電機ってどんな会社なんだろう？

第一章

黎明期

ボオオオーッ
ドドーン
オギャーーッ!
テルヤ電機の創業者
江川俊郎は1903年(明治36)
1月23日東京の赤坂で生まれ
世田谷で育った
俊郎の生まれた翌年
日本はロシアに宣戦布告
日露戦争が始まった

わけてさくらの
吉野山
一日千本
さきみちて
かすみか雲か
美しや
明治時代後期
俊郎が尋常小学校で
学んでいる頃――

世の中の動力は
電気へと進んでいった
1904年（明治37）*
鉄道の電化が始まる
1906年（明治39）
電灯照明が50万灯に
東京電燈・千住火力発電所で
初の蒸気タービン発電機の
運転開始

＊軌道（路面電車）ではなく、鉄道に準拠する路線では初の電車運転を甲武鉄道（現在の東日本旅客鉄道・中央本線）が開始。

1907年(明治40)
電力需要が激増し
電気事業者が増加
電気事業者数146カ所
火力発電7万6000kw
水力発電3万8600kw
電灯数78万2000kwと
電力は人々の暮らしの中に
大きな役割をもつようになった
これからは電気の時代がくる!
働きながら
神田の電機学校
(現東京電機大学)の
夜間部に通い
電気の勉強をして身を立てよう!
先見の明があった俊郎は
銀座の「川本美術店」に
住み込み店員として就職
電気の知識を
深めていった

川本美術
……
昼はウチで働き夜は学校へ行っている…
よくやる子だなきっと将来成功するだろう
おかげさまで無事 電機学校を卒業できました!
本当によくやったね!
はい それでわがままで申し訳ありませんが学校で学んだ知識を生かして働きたいのです
うむ キミの気持ちはよくわかる頑張りなさい!
ありがとうございます!

新明電氣
1921年（大正10）頃
川本美術店を退社した俊郎は
東京・大森の「新明電氣」で
電気工事の仕事についた
この技術を
身につければ…
そしてこの頃
俊郎は結婚した
寿
1924年（大正13）
新明電氣で3年間
働いた俊郎は
ようし！
照屋電氣
ようやく自分の
店を持てた！
頑張るぞっ！
大森駅前の電気工事の請負や
電気器具販売をしていた
「照屋電氣」の社名とともに
一部得意先を引き継ぎ独立した

電気事業は
これからもドンドン
発展していく
照屋電氣も時代の
波に乗れば大きく
発展できる！
ハイッ！
みんなで力を
合わせて頑張ろうッ！
俊郎のもと
全社員力を合わせた
拡大路線が時代の
波に乗った
そんななか
――
オギャー
オギャー
1933年（昭和8）
4月24日
二代目社長
江川敬宜が
蒲田に生まれた

ドオオン
しかし
照屋電氣の
順調さとは裏腹に
世情は暗かった
ズ
ズ
日本は柳条湖の
鉄道爆破事件を契機に
中国軍との戦争に突入
していった
照屋電氣は
大田区の町工場などの
電気工事を請け負い
社員も20名に増えた
照屋電機商會
社屋を第一京浜
国道沿いに移転
順調に業績を
伸ばしていった

照屋電機商會
登記上の本社所在地（現在のＴＥＫビル）に社屋を移転
１９３９年（昭和14）社名も正式に「照屋電機商會」と改められた
１９４１年（昭和16）12月 日本は対米英蘭開戦を決定
ドオオォン
ゴオオオ…
12月8日陸軍はマレー半島に上陸 海軍はハワイの真珠湾にある米軍の基地を急襲した

みんな聞いてくれ
国も非常時だ! こういう時は周囲と協力して頑張ろう!
はいッ!
1941(昭和16)~1944年(昭和19)頃 照屋電機商會は京浜工業地帯の町工場などの電気工事を手がけた 主な得意先として下丸子の東京無線(現・帝国通信工業)などがあった
工事材料の主要仕入れ先は芝の丸吉電機、弥平治電機 主要取引銀行は大日本無尽(現・三井住友銀行)溝ノ口支店などであった
大日本無尽株式会社

…しかし 資材といっても ウチも品薄で…
はい 社長に 相談してみます…
社長 ○×電気さんが なんとか 資材を 都合つけて もらえないかと…
う… 弱ったな…
しかし こんな時だ
わかった! なんとか都合 すると伝えて
は はい…

1944年（昭和19）11月
ゴオオオ
東京空襲が始まり
国民の生活は
窮乏を極めていった
ゴオオオ
照屋電機
照屋電機
……
社長!!
危ないですよ!
ここまでになった
会社が……

1945年（昭和20）8月
日本はポツダム宣言を受諾
敗戦を迎えた
ザッ
ガヤ
ガヤ
ここは引こう
しかし
いつか必ず
私はここに
戻ってくる！

パァーーン
ブロロロォ
おおお〜っ!!
1946年(昭和21)5月
俊郎の会社は電気工事材料の卸商として再発足した
ようしッ!
戦争も終わった!
電気の需要はこれからも伸びるはずだ!
江川さんこれからが勝負だな!
吉田さん!!
俊郎が再発足したその陰には仕入先であった丸吉電機商会・吉田社長の強い勧めがあった

江川さんのところが
電材屋として
再出発したらしいぞ
そりゃあ よかった!
社屋も焼けて大変
だったろうにな
その話は
本当かい!?
ハハハ…
確かな話ですよ
ようし!
これで戦争中の
恩を返せる!
ハハハ
ウチの社長も
おなじようなこと
言ってましたよ
戦争中 同業者に
資材を提供していた
実績から周囲は
俊郎に好意的で
再発足は好調な
すべり出しをみせた
日本国憲法公布記念
この年
日本国憲法が
公布された

はい
照屋電機
です
１９４８年（昭和23）
11月
合資会社照屋電機
商會を設立
法人組織とする
照屋電機商會
NHK
NHK
テレビ
ジョン・
１９５２年（昭和27）
テレビ受像機が街頭に
登場し人気を博した
時代はますます
電気を必要としてきた

ざわ
ざわ…
きんちょ～～
今日から照屋電機商会に入社しました江川敬宜です
よろしくお願いいたします!!
1953年（昭和28）4月
2代目社長となる江川敬宜が入社した
照屋電機は同月松下電器産業と代理店契約を結び高・低圧コンデンサーなどの販売を開始した
この年NHKは東京地区でテレビの本放送を開始し民間の日本テレビも本放送を開始しテレビ時代の幕開けとなった

社長 少しわからない ことが……
数日後
すみません社長 先日お聞きしたことを もう一度……
ポカッ
一度言ったことを 二度聞くもんじゃない
社長ってこんなに 厳しい人だったんだ!?
ある日のこと 取引先の理不尽な 要求に対して……
冗談じゃないィッ!!
それは我が社の 信用に関わることです
……
我が子であろうが 取引先であろうが 仕事に関しては 甘えを許さないのが 社長なんだ!!
常務取締役 田中文雄氏 電材営業部総責任者

パアアーン
ブロオオ…
時代はスピードを要求している……
仕入れルートを短くして注文からより早く顧客に届けなければこれからの競争に勝ち続けることはできないだろう
広く一般にもデリバリーしていきたい
そのためには営業所をさらに広げていく必要がある
コン
コン
ガチャ
なんでしょう?
まあかけてくれたまえ中村君

我が社は
仕入先 顧客の両方に
拡大路線をとっているが
そのバランスが偏っている
ように思う
はぁ
電気工事店以外に
資材を買ってくれる
お客様を見つけて
ほしいんだ
!!
社長は会社の基盤が
盤石になった今
さらなる拡大路線を
敷こうとして
いるんだ!!
専務取締役
中村泰徳氏
経営戦略担当
わかりました!

照屋電機商會が
着実に拡大していく中で
世の中も大きく変わって
いった
1956年（昭和31）10月
日ソ国交回復に関する
共同宣言に調印され
12月には国連総会の
全会一致で日本の
国連加盟が承認された
また1954年（昭和29）から
1957年（昭和32）まで
神武景気と呼ばれるほどの
好景気が続いた

神武景気の後 政府と日銀は 国際収支改善のため 強力な金融引き締め 政策をとり
それが原因で 〝なべ底不況〟と呼ばれる 不景気が襲った
やがて 〝なべ底不況〟も脱し
1960年（昭和35）池田内閣が 〝所得倍増計画〟を 発表した
そして1961年（昭和36）11月 照屋電機商會は 平塚営業所を開設
照屋電機商會
湘南地区の 電気工事業者ならびに 会社・工場への地域 サービス強化と 販路拡大を目指した

1962年（昭和37）4月
立石電機（現・オムロン）の特約店契約を締結
やったな！
おおへっ!!
はい やりましたね
それを機に配電盤業界 自動制御機器業界に立石電機の商品を販売する目的で新部門を設置
社長の拡大路線が――
見事に的中した!!

ワー
ワーーっ
この活気はどうだ
頼もしい限りじゃないか
おおぉ
こうやって会社は時代とともに変わっていくのだ
これからの日本人の生活にはますます電気が不可欠なものとなっていくだろう!!
今日からここが私の新しい職場か
横須賀一夫(27)
こんにちは今日からお世話になる横須賀と申します
小間使いさんかな?
こんにちはあなたの話は聞いてますよ
エ!?

ガチャ……
こちらにどうぞ
お待ちになる間新聞でもいかがですかな?
はあ……どうも
優しい人だな
お待たせしました
イッ!?
あらためましてこんにちは
さっきのおじ……

横須賀一夫氏
１９６４年（昭和39）
経理財務担当
１９７８年（昭和53）
取締役
すみません！
社長とは
思わなかった
もので……
１９８５年（昭和60）
常務取締役
２００３年（平成15）
退任顧問に
これから時代は
安定した方向に
向かうだろう
消費も伸びて
きているのを
身近に感じるよ
で
今日我々が
集められたのは？

この安定した時代にやるべきことはー
会社の基礎作りだと思う
そこで大手企業との代理店契約を積極的に進めていきたいんだ!
……
いいんじゃないかな

中村は？
大賛成です！
こうして当時専務だった
二代目の力強い方針により
業界を代表する企業との
代理店契約が進められて
いった
これにより
現在の基礎が
作られることと
なったのである
しかし
一流メーカーとのパイプを
作っていくのは大変な
労力を要した
例えば
電線業界
戦前から続く
保守的な企業が
多かった電線業界は
大手7社が代理店を
作っており
すべての電材屋は
そこからしか資材を
購入できなかったのだ

顧客がいるというのに一カ所からしかものを買えないのは悪しき慣習だ
初代はこの現状にかなり熱くなっていたがおなじように考える者が業界内にいた
電線業界大手矢崎電線である
思いをおなじにした初代と同社は急接近
やがて1962年(昭和37)7月矢崎電線との代理店契約を結ぶ

しかしメーカーとの直取引はいいことばかりではなかった
受取手形の期日より支払いの方がサイトが短いため売り上げが上がれば上がるほど資金繰りが苦しくなった
仕事量の増加にともないこれまでの買いやすい問屋から資材を買えばいいのにという社員の声も多かった
俊郎は先を見据えてメーカーとの直取引をやめなかった
それについては社員も俊郎の先見の明を信じていた

中村よ 今度の休み
久しぶりに登りに
行かないか?
おお元山岳部の
血が騒ぎますよ!
ただ…
その前にひとつ
ご相談があるの
ですが……
なんだよ
あらたまって
山岳部時代の
先輩後輩気分に
浸っていたと
いうのに……
大学を卒業して
そのままこちらに
就職したので
自分の見聞をもっと
広げたいなあとは
以前から考えて
いたんです
それで……
アメリカに留学
したいと思って
いるんです
なっ…!?

ダン
バタン
みんなが一丸となって業務拡大に取り組んでいる時に勝手なことを言うな!!
……
しかし疑問をもったままここに居続けることはできない
社長に相談しよう!
会議室
私のわがままだということは十分承知しています
けれどどうしてもアメリカに行って見聞を広めたいのです
……

わかった
え!?
やってみればいい
これからの日本企業は世界の中で戦っていくことを視野に入れなければならないからね
向こうで学んだことを会社に帰ってきて存分に生かしてくれたまえ!
あ…ありがとうございます!
このように社員が挑戦しやすい社風は初代の時代から今に受け継がれている

最近どうだね？
立石電機
社員の心がひとつにまとまっていると感じています
みんなよくやってくれていますよ
そこで…いよいよオマエに会社を任せようと思うのだが……
やるからには東京で指折りの会社にしたいと思っています！
わかった…しかし私ももう疲れた
これから先お金や人の苦労はしたくないので私とは別会社にしなさい
はいっ!!

1963年（昭和38）9月
当時 専務だった敬宜の
強い方針で松下電工と
代理店契約を結び――
一般生活の高度化による
住宅電機設備の将来への
対応を目指した
これ以降
業界を代表する
一流メーカーとの
代理店契約が
積極的に進められ
現在の基盤が
作られた
松下電工
矢崎電線
松下電器産業
日東工業
電機

1964年（昭和39）ルイジアナ
誰からだろう?
専務!?
近々社長に就任することになりそうだ ついてはオマエの力を貸してほしい
そろそろ帰って来ないか?
ガチャッ
…もしもし母さん?
オレだよ うん
近々日本に戻ることにするよ
これだけわがまま言ったんだから これから先 会社を変わるなんて 言うんじゃないよ
わかってるよ

1964年（昭和39）8月
ベトナム軍がトンキン湾で
アメリカ軍艦を攻撃
これを契機にアメリカ軍が
本格的にベトナム戦争に突入
1964年（昭和39）
10月
東京オリンピックが
開催された
また1965年（昭和40）
6月には
日韓国交正常化の
条約に調印され
12月に実現した

第二章

跳躍期

戦後の再発足後
満20周年を迎えた
1966年（昭和41）
6月
合資会社照屋は
不動産の管理会社とし
江川俊郎が代表社員に
就任した
事業規模拡大のため
テルヤ電機株式会社を設立
江川敬宜が社長に就任
同じ頃
日本電信電話公社が
カラーテレビ用
マイクロ回線
全国ネットワークを
完成させる
世の中は3C
（カー クーラー
カラーテレビ）
時代に入った
これから
よろしく頼むな！

業界内で神通力のあった
俊郎の人柄に惚れていた
取引先の中には
若い二代目に不信感を
あらわにする会社も
あった
この業界は甘くないんだ
若社長で
大丈夫なのかね？
ウチは取引を
やめてもいいんだよ
オレたちは戦火を
くぐってきた
猛者の集まりだ
それを若造が
社長就任だなんて……
じつは取引先から
こんなこと言われ
ちゃってさあ
オマエもかよ？
じつは
オレもさあ……
……

誰だって最初は
そういうもの
あとは行動で
わかってもらう
だけだ！
敬宜が社長を
引き継ぐ時
初代を前にして
経理とのあいだに
こんなやりとりが
あったのだ
私の代では
先の債権債務を
引き継がずに
やっていこうと
思っているんです
しかしそれでは
借り入れが
できない！

わかった
スッ
銀行に行こうか
日本相互銀行
これからは倅が会社を引き継ぐことになった
私は息子の保証人にはならないので信用できる範囲で金を貸してやって欲しい
……

わかりました!
私が二代目を支援しましょう
ガッ
1965年(昭和40)頃から
日本は"いざなぎ景気"と呼ばれる好景気の時代に入った
1966年(昭和41)から1978年(昭和53)度までの日本の年平均経済成長率は11・8%に達し日本の国民所得は西ドイツを抜いて資本主義国の中で世界2位になった
TOYOTA
これからは大量消費の時代だ
うちもこの流れに乗らなくては……

1967年(昭和42)12月
社長に就任した
ばかりの敬宜は
三多摩地区の
電気工事業者への
地域サービス強化と
販路拡大を目的とし
立川営業所を開設した
拡大路線を
敷いてはいるが
なんといっても
大切なのは
お客様だ
ウチが一貫して
行ってきた地域密着型の
サービスを提供する
ためにも足場固めを
急がなければ……
営業所の数も
順調に増えていますが
そろそろ各営業所間の
機能的中枢となる
拠点が欲しいですね
それは私も
考えていた
ところだ

1969年（昭和44）7月アメリカのアポロ11号が月面着陸に成功した
また日本のカラーテレビの生産量が世界一になった
そして大阪万博（日本万国博覧会）も開催された
この年 70年安保闘争が政治を揺さぶった
1970年（昭和45）9月 用賀に管理センター発足 本社機能を移行
あわせて管理体制の完備と各営業所間の機能的中枢とし集中配送を行うことにした

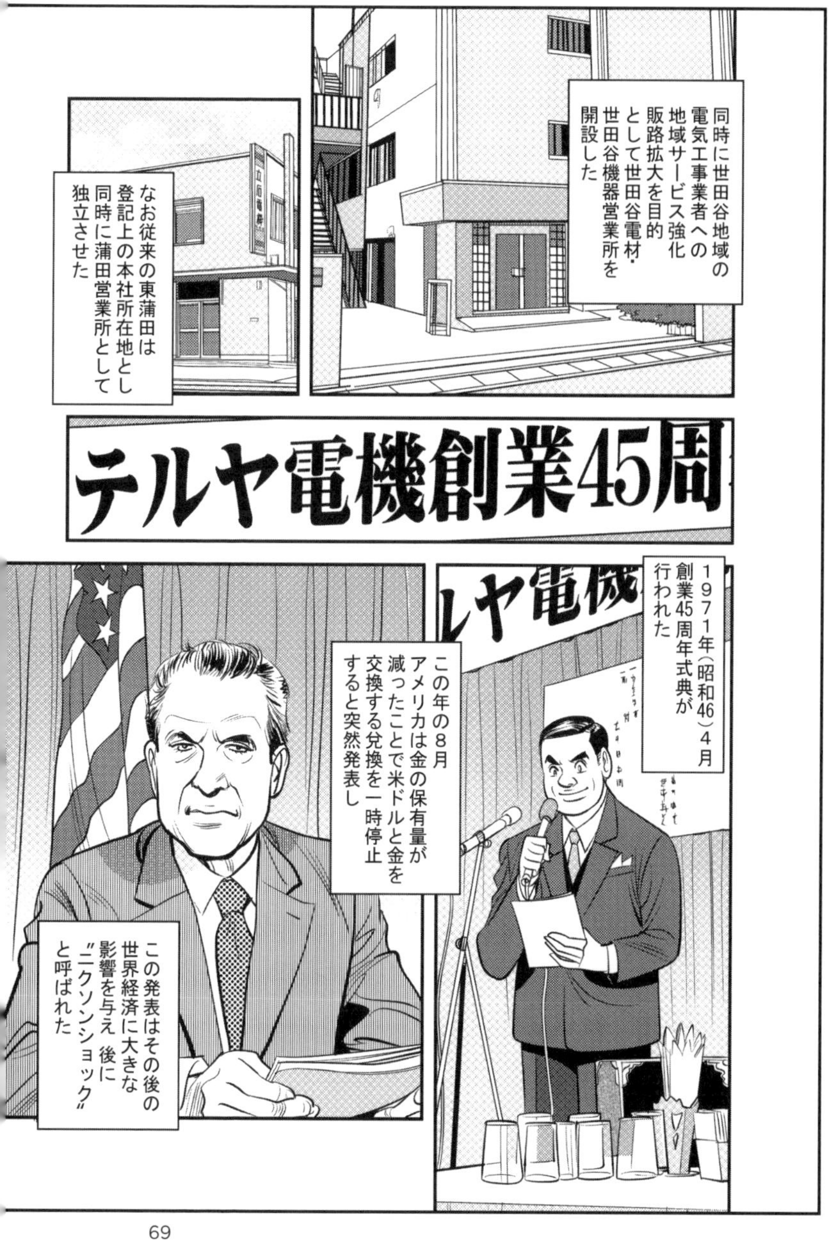
同時に世田谷地域の電気工事業者への地域サービス強化販路拡大を目的として世田谷電材・世田谷機器営業所を開設した
なお従来の東蒲田は登記上の本社所在地とし同時に蒲田営業所として独立させた
テルヤ電機創業45周
1971年（昭和46）4月創業45周年式典が行われた
ルヤ電機
この年の8月アメリカは金の保有量が減ったことで米ドルと金を交換する兌換を一時停止すると突然発表し
この発表はその後の世界経済に大きな影響を与え 後に〝ニクソンショック〟と呼ばれた

ドル防衛に非常措置
クソン大統
国際通貨改革求
金交換を停止
課徴金10%
日本はこの発表後
為替相場を1ドル360円の
固定相場制から
制限を設けた形の
変動相場制に移行した
祝 5月15日日本復帰
国際中央通り会
那覇 浦添
1972年（昭和47）
5月15日沖縄が
本土に復帰した
1973年（昭和48）
10月
第四次中東戦争が
勃発した
6年前の
第三次中東戦争で
失った領土を奪回
するためエジプトと
シリア両軍は
イスラエルに対して
攻撃を開始した
初めは苦戦した
イスラエルだったが
アメリカの支援もあり
停戦が成立した時には
エジプト シリアの
領内に侵入していた

この第四次中東戦争をきっかけに第一次オイルショックが起こったペルシア湾岸の６カ国が原油公示価格を70％引き上げると決定
イスラエルを支持するアメリカを中心とした先進工業国の経済を脅かした
しゃ 社長！
どうしたんだ？
資材の確保がかなり困難になっています
特にFケーブルが……
こんな所にもオイルショックの影響が……

電線の被膜となる部分にはビニールが使われている
さらに同時期銅不足も深刻になったのだ
当時 得意先の電気工事店さんからクズ電線を集めて来てそれをメーカーに提供して電線の供給をしてもらうこともあった
何か事が起こると物流はストップしてしまう
将来的には物流機能の重要性は増していくのだろう
そこで二代目は1973年(昭和48)10月限定免許による配送専門会社・テルヤ興業株式会社を設立し……

テルヤ電機株式会社より
配送業務の大半を
引き継いだ
○○さんから
発注が来ている
電線が確保でき
ません!
あらゆる所に
連絡を入れて
いるのですが…
……
これは
逆境じゃない
取引先から
信頼を得るための
チャンスなんだ!!
社長
どこへ?
直接
矢崎電線に
かけ合ってくる!

この時とばかり電線メーカーも電材店も電線の価格値上げに踏み切った
だが矢崎電線は最小限の値上げに留め矢崎製品を主力に販売している代理店には最優先で供給してくれた
二代目はテルヤ電機を主力仕入先としてご愛顧いただいている得意先の仕事に支障のないよう材料を優先的に供給し
テルヤ電機
お客様とテルヤ電機は相互信頼関係で成り立っている
価格も適正マージンでの取引となった
ドサクサにまぎれ暴利を貪る商売はお得意様の信頼を裏切ることになる

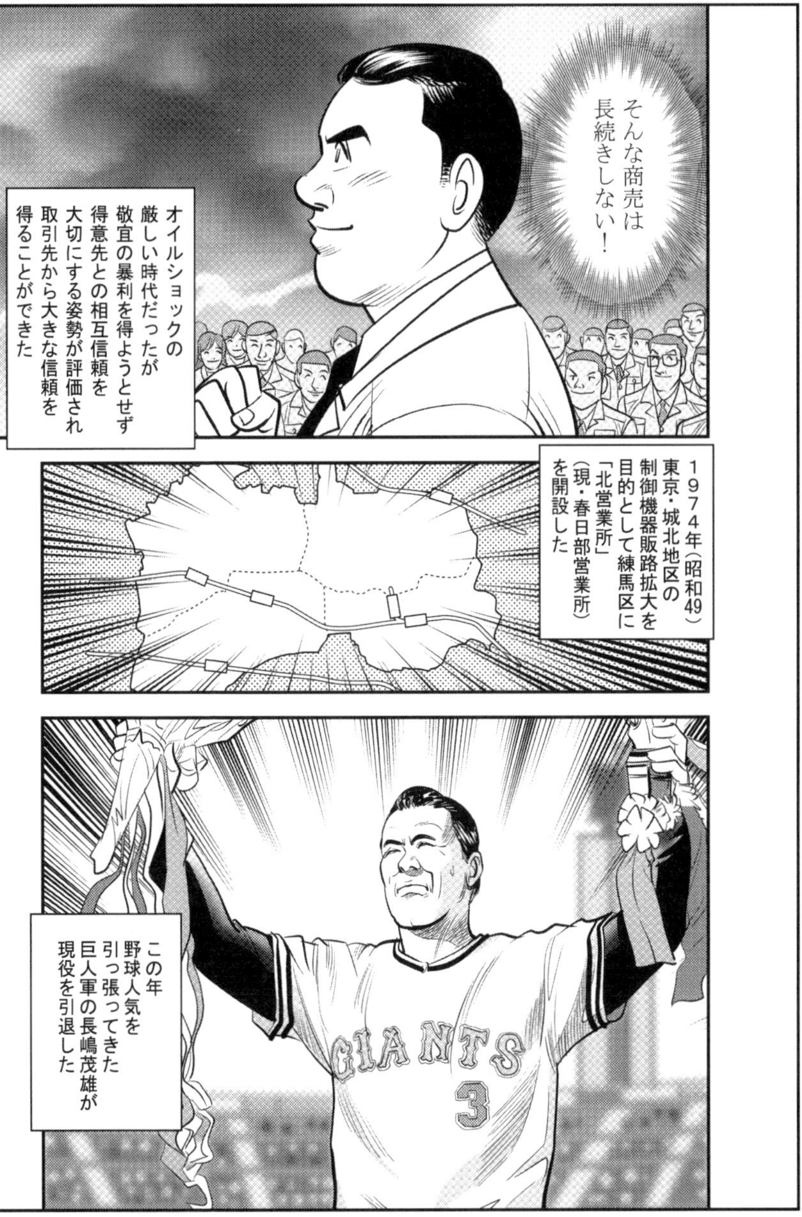
そんな商売は長続きしない！
オイルショックの厳しい時代だったが敬宜の暴利を得ようとせず得意先との相互信頼を大切にする姿勢が評価され取引先から大きな信頼を得ることができた
1974年（昭和49）東京・城北地区の制御機器販路拡大を目的として練馬区に「北営業所」（現・春日部営業所）を開設した
この年野球人気を引っ張ってきた巨人軍の長嶋茂雄が現役を引退した
GIANTS
3

1975年（昭和50）
創業50周年を記念して
お得意様とともに
ハワイへ社員旅行
テルヤ電機株式会社
この年泥沼となっていた
ベトナム戦争が終結した
1976年（昭和51）
2月ロッキード事件が
起き政財界を
揺るがせた
全日空の旅客機導入
選定に絡み
元総理大臣の田中角栄
運輸政務次官・佐藤孝行
元運輸大臣・橋本登美三郎
右翼の大物・児玉誉士夫
国際興業社主・小佐野賢治
全日空社長・若狭得治などが
逮捕された
1979年（昭和54）12月
福生市に西営業所を開設
横浜市に港北（現・横浜）営業所
を開設　それぞれ三多摩地区
横浜　川崎地区の販売網拡充を
目指す

すごいな
ウチの会社は
とどまるところを
知らないイメージ
ですね
管理部門のキミが
根幹を支えていて
くれるからだよ
ついては
これを管理して
欲しい
しゃ社長…
これは会社の印鑑と
個人の実印じゃ
ないですか……
信頼している
これからも
よろしく頼むよ

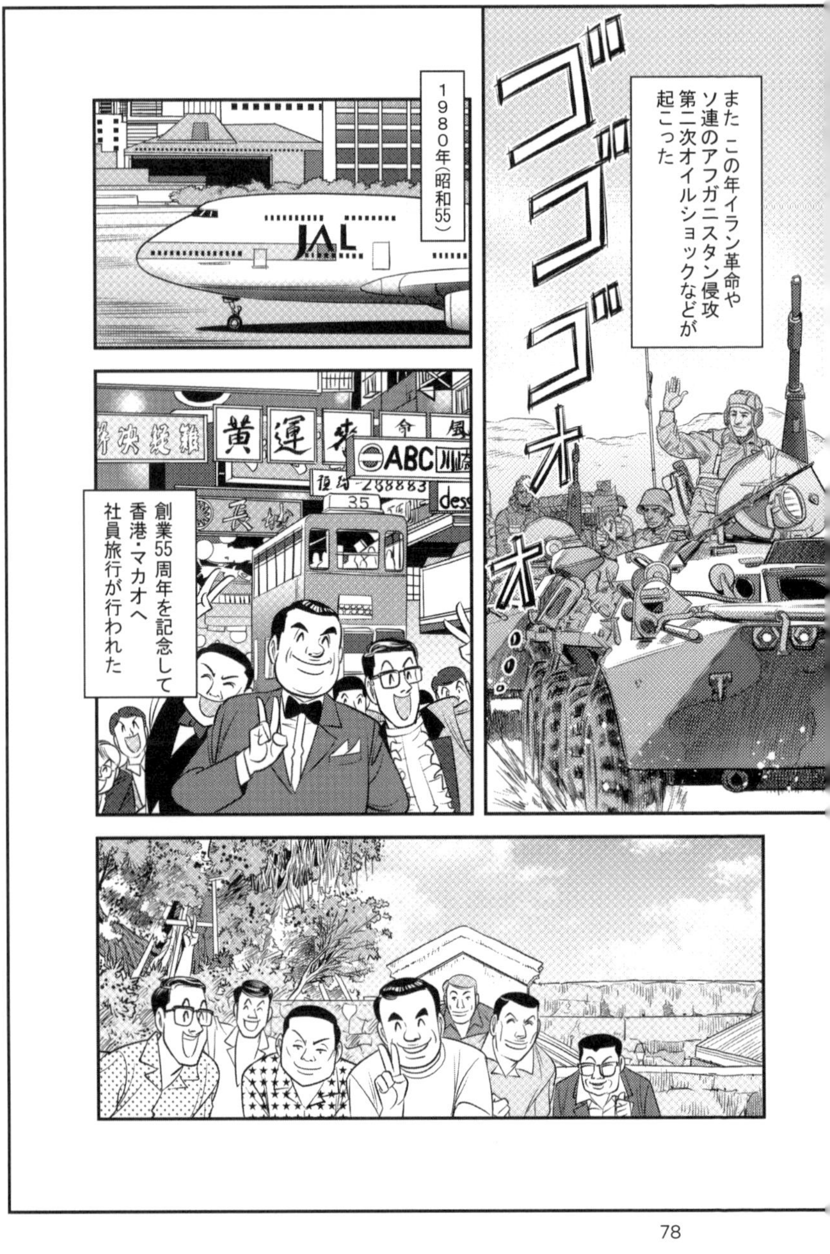
また この年イラン革命や
ソ連のアフガニスタン侵攻
第二次オイルショックなどが
起こった
ゴゴゴオオ
1980年(昭和55)
JAL
創業55周年を記念して
香港・マカオへ
社員旅行が行われた
ABC
35

1980年（昭和55）9月
イラン・イラク戦争が勃発した
これはイスラム教シーア派の
イランとスンナ派のイラクとの
戦争だったが
イランとイラクの歴史的な対立
イスラム革命を成し遂げた
イランに対する周辺国と
欧米の干渉とも取られた
イラクの攻撃で始まった戦争は
1988年（昭和63）の停戦まで
8年間続いた
1981年（昭和56）
近未来の到来を予感させる
神戸ポートアイランド
博覧会が行われた
UCC
COFFEE
同年10月
平塚営業所の
新社屋完成
電気機
テルヤ電
平塚営業所開設
20周年を記念し
また神奈川地区の
母店としての機能
拡充をはかるための
全面改装であった
OMRON
TERUYA ELECTRIC

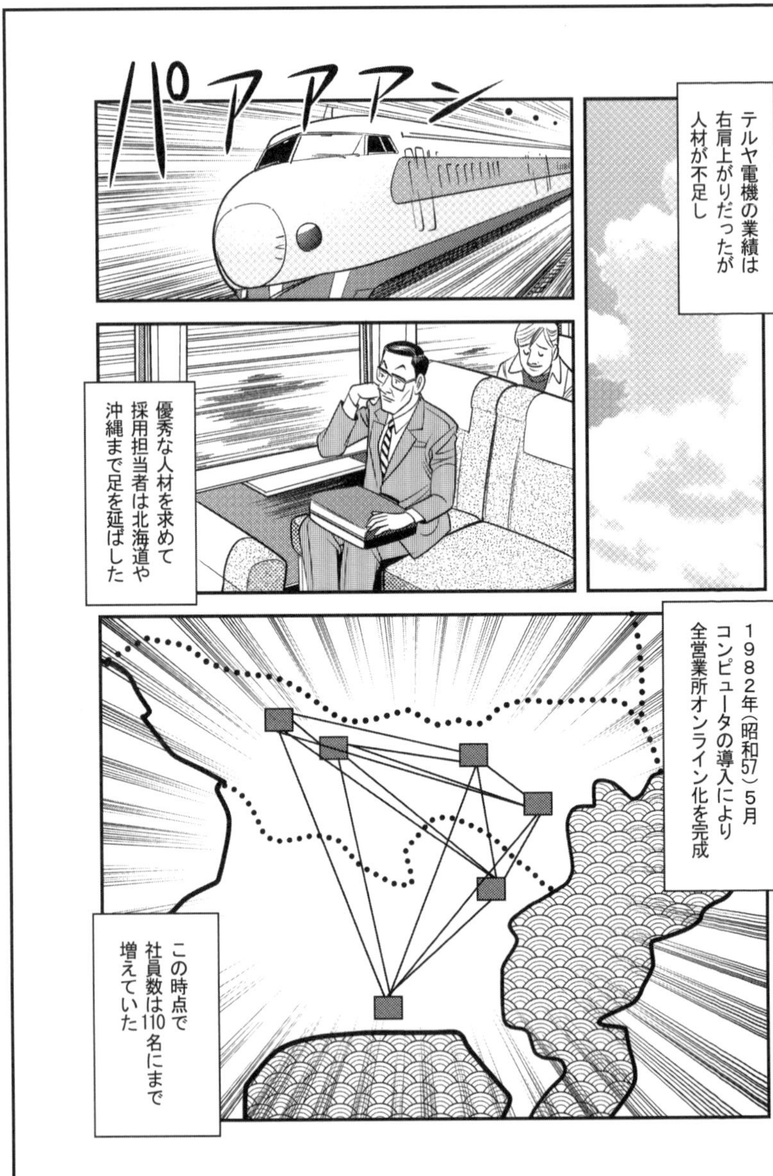
パアアアン…
テルヤ電機の業績は
右肩上がりだったが
人材が不足し
優秀な人材を求めて
採用担当者は北海道や
沖縄まで足を延ばした
1982年(昭和57)5月
コンピュータの導入により
全営業所オンライン化を完成
この時点で
社員数は110名にまで
増えていた

１９８３年（昭和58）11月
川越市に川越営業所を開設
１９８４年（昭和59）５月には
西営業所と立川営業所を
合併して昭島市に
多摩営業所を開設
１９８５年（昭和60）
売上60億達成および70億円に
向けてのハッスル会を
品川のホテルパシフィック
で行った
ハッス
１９８６年（昭和61）５月
創業60周年記念式典を
品川のホテルパシフィック
で行った
ルヤ電機創業60周

１９８６年（昭和61）４月
旧ソ連のチェルノブイリ
原子力発電所で
大事故が起こる
チェルノブイリ事故の２カ月前
１９８６年（昭和61）２月
将来のＦＡ ＯＡ ＨＡ化
時代に備えテルヤ電機の
販売力を技術的に
サポートすることを目的に
テルヤ・システム・
エンジニアリング株式会社
（略称ＴＳＥ）を設立する
創業時から一貫して
行っている地域密着型の
営業を実践するため
首都圏エリアに次々と
営業拠点を構え
きめ細かいサービスを
行っていった
１９８７年（昭和62）
10月
ブラックマンデーと
呼ばれる世界的株価の
大暴落が起こった

１９８９年（昭和64　平成元年）１月７日昭和天皇が崩御し
元号は〝平成〟に変わった
同年４月１日から
消費税３％が導入された
そして４月17日
テルヤ電機初代江川俊郎逝去
享年86歳　５月に青山葬儀場で
社葬が執り行われた
時代は確実に変わっていった
テルヤ電機は……

１９８９年（平成元）
11月
横浜営業所を
港北区新横浜に移転
世間はバブル景気に
浮かれていた
バブル景気とは１９８６年
（昭和61）から
１９９１年（平成３）２月まで
日本で起こった
資産価格の上昇と好景気
それに付随して起こった
社会現象をいう

1990年（平成2）座間市に神奈川西電材営業所を開設
この年創業65周年を記念してカナダへの社員旅行が挙行された
イラクのクウェート侵攻をきっかけに1991年（平成3）の米欧軍を中心とした多国籍軍によるイラク攻撃の湾岸戦争が始まった

世田谷区用賀……
テルヤ電機本社
ザッ
１９９１年（平成３）
やがて３代目社長となる
和宏が入社した
私も祖父や父に
負けないように
会社を発展させ
ないと……

時は熱狂のバブル景気
土地神話に支えられ
転売目的の土地の売買が
加速
用賀駅周辺も例にもれず
再開発計画が決まり
物流センターとしての
機能が発揮できなく
なると判断
跡地の流用を考えた初代は
戦前20年戦後20年でテルヤ
電機の基盤を作った
二代目として次世代に
資産を残すことを決意
した敬宜は跡地の流用
としてオフィスビルの
建設に着工した
ついにここまで
きたか
しかし空前の好景気は
この時すでに失速し
始めていた……

1991年（平成3）～1993年（平成5）頃にかけてバブル経済が崩壊し株価や地価が急落日本経済に大きな悪影響を与えた
そんな厳しい時代にもテルヤ電機は進歩を止めなかった
1992年（平成4）5月本社ビル建設のため仮事務所を世田谷区用賀に世田谷区桜新町に移転
TERUYA ELECTRIC
世田谷区大蔵に東京物流センターを開設あわせて同敷地内に世田谷電材・世田谷制御営業所を移転する

はい…
はい
そ そうですか
わかりました
カチャ
また発注を
差し控えたい
という電話か？
そうなんです
バブル期の後に
訪れたのが大型の
平成不況である
銀行は手のひらを
返したように
貸し渋りを始め
力のない中小企業は
次々に倒産に
追い込まれていった
ガガガガ
ガガガガ
そして
テルヤ電機も……
いきなり返済しろと
言われてもウチは…
財務
こんな時に
テルヤ電機さんの
ところだけ
特別扱いという訳
にはいかんのですよ
ドン

社長に一任されている以上誰にも相談はできない……
この時期のことを振りかえって横須賀常務は言う
「この時ばかりはもうダメかと思ったもし誰かが辞めたいと口にしたら五月雨式に辞めてしまっていたかもしれない」……と
それほどこの時期の経理担当者の苦悩は大きかったのだ
そこをなんとか!
なん度来られても答えはノーだよ!!
ドカッ
私は社員の命を預かっているんです!!
ハンコを押していただけるまでは帰りません!!

経営者として二代目も眠れぬ日々を過ごしていた
ここで私が決断しなければ社員全員を路頭に迷わせることになる
なんとかしなければ……
コンコン
失礼します
来てくれたか…
じつは…
……
よく決断なさいました微力ながらお手伝いいたします
ありがとうどうか力を貸してくれ!!

今までよく
頑張って
くれた…
こちらこそ
ありがとう
ございました
二代目と中村専務が行った
退職勧告により
一時は213名いた社員も
102名に…
言う方も
言われる方も
涙だったという

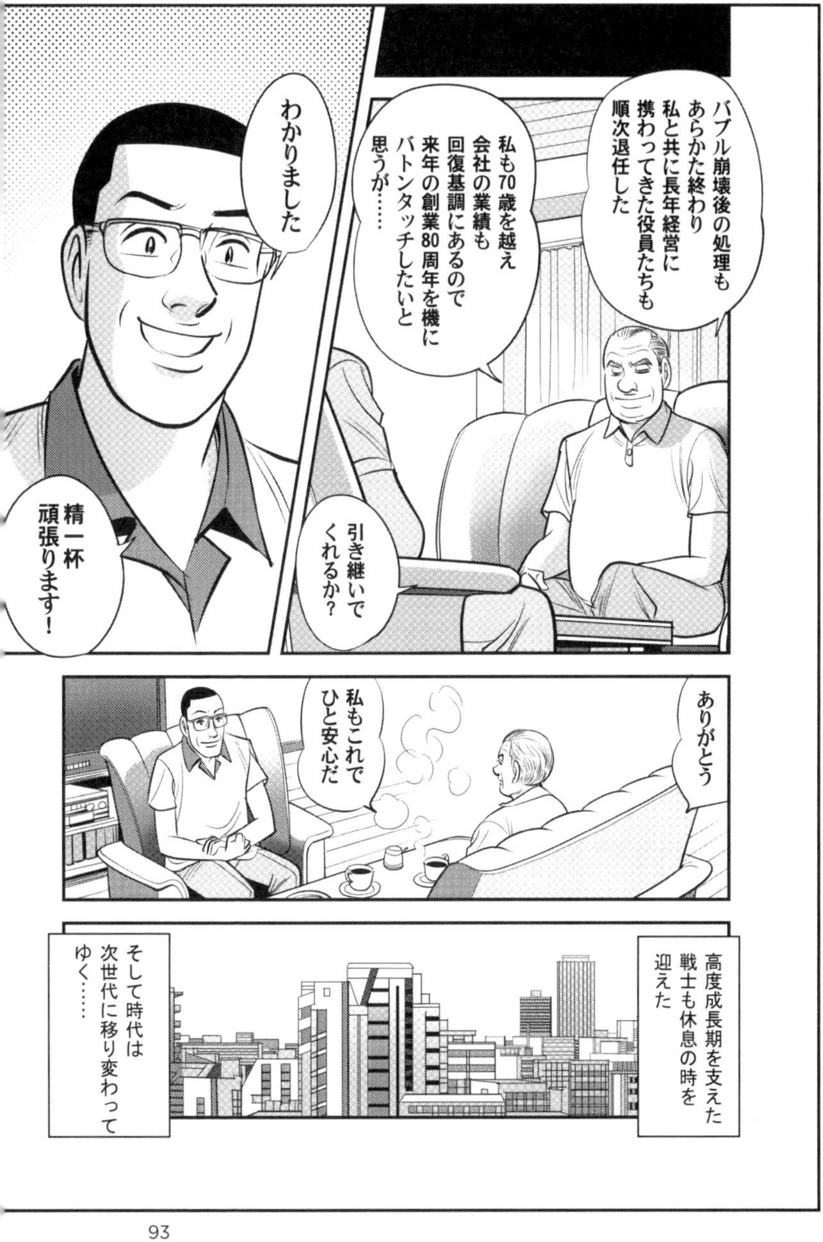
バブル崩壊後の処理もあらかた終わり私と共に長年経営に携わってきた役員たちも順次退任した
私も70歳を越え会社の業績も回復基調にあるので来年の創業80周年を機にバトンタッチしたいと思うが……
引き継いでくれるか?
わかりました
精一杯頑張ります!
ありがとう
私もこれでひと安心だ
高度成長期を支えた戦士も休息の時を迎えた
そして時代は次世代に移り変わってゆく……

第三章

展望期

1994年（平成6）3月
用賀に本社ビル
（TEビル）が完成した
立派なビルが
できたな
ほー…
頼もしく
なったなぁ…
まだまだ
これからです…
ゴゴゴゴオオ
1995年（平成7）
1月17日
阪神・淡路大震災が
起きる

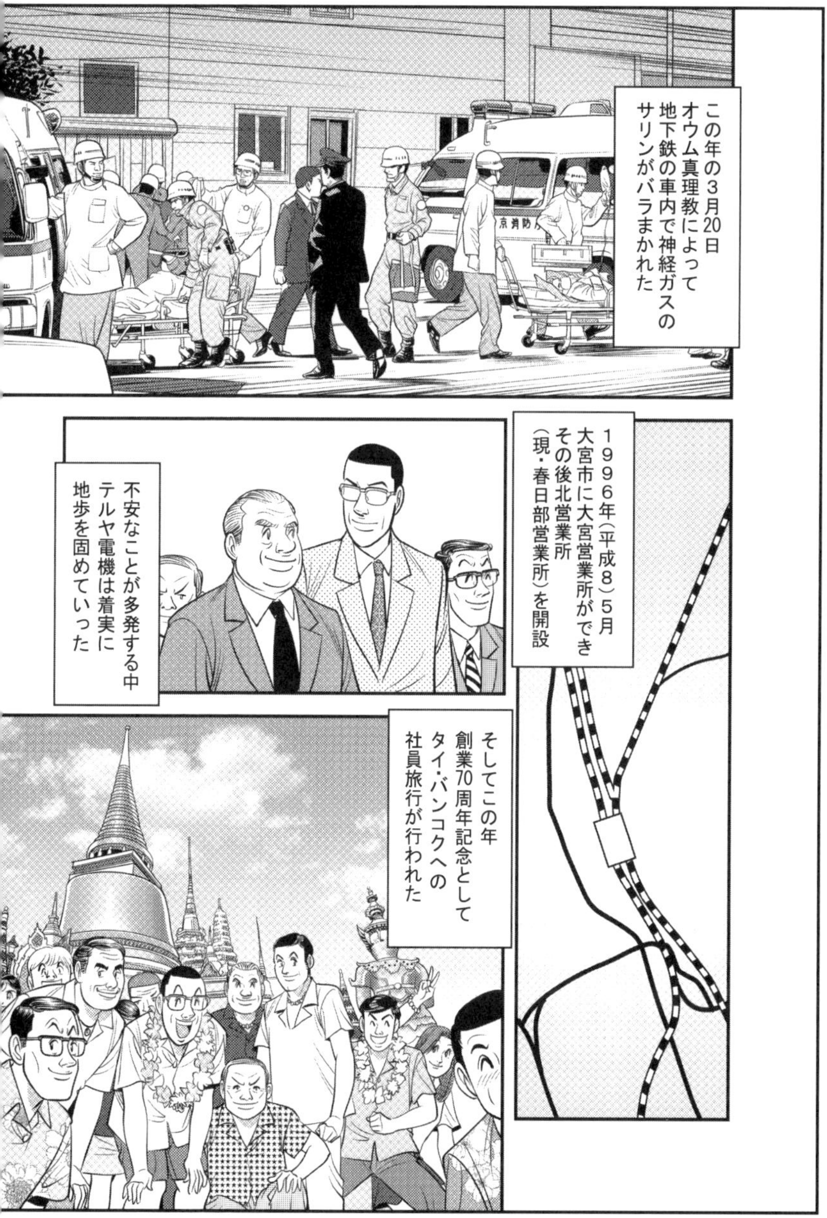
この年の3月20日
オウム真理教によって
地下鉄の車内で神経ガスの
サリンがバラまかれた
1996年（平成8）5月
大宮市に大宮営業所ができ
その後北営業所
（現・春日部営業所）を開設
不安なことが多発する中
テルヤ電機は着実に
地歩を固めていった
そしてこの年
創業70周年記念として
タイ・バンコクへの
社員旅行が行われた

5%
5%
?
?
1997年（平成9）4月 消費税が5%に アップされた
11月には 山一證券が 自主廃業を 決めた
資本金を 増資する!
テルヤ電機を もっともっと 発展させるぞッ!!
はいッ

1999年（平成11）1月
テルヤ電機は資本金を
1億2000万円に増資
3月には
本社機能を
世田谷区大蔵の
東京物流センター
内に移転
本社機能と
物流部門の
一体化を
はかった
2000年（平成12）7月には
大和市に神奈川西営業所を
移転
テルヤ電機株式会社
神奈川西営業所

２００１年（平成13）
９月11日アメリカで
同時多発テロが起こる
これはイスラム過激派
テロ組織アルカイダに
よって行われた
アメリカに対する
４つのテロ攻撃を指す
２００３年（平成15）
イラク戦争勃発
３月20日からアメリカが
主体となりイギリス
オーストラリアなどの
有志連合がイラクの
武装解除 大量破壊兵器
保持における義務違反を
理由にイラクへ侵攻した

社会情勢は厳しくなってきた…
しかしどんな状況にも対応していくのが経営者の責任だ
そのためにももっと社員に愛される会社にしたい
そして2005年(平成17)1月社員持株会が発足した
おおおお
我々もテルヤ電機の株主だ!
頑張るぞっ!!
これでより社員と会社の絆が深まるだろう
そうですねより愛される会社に育てないと……

第四章　飛翔期

カンパーイ!
創業80周
テルヤ電機
2005年(平成17)6月
創業80周年のパーティが
帝国ホテルで開かれた
これを機に
代表取締役社長に
江川和宏が就任

江川敬宜は
代表取締役会長に
就任した
創業80周年を記念して
ラスベガスへ社員旅行に行く
この年の12月
さいたま市に
城北営業所を移転
さいたま営業所とした

2006年（平成18）5月
蓮田市に大宮営業所
を移転
はすだ営業所とする
2007年（平成19）6月
小平市に
西東京営業所を開設
2007年（平成19）5月
横浜市鶴見区に
かわさき営業所を開設
2007年（平成19）5月
相模原市に
相模原営業所を開設
2007年（平成19）10月
横浜市緑区に
横浜営業所を移転
和宏のもと
順調にテルヤ電機は
発展を続けていた

NY株、最大の下
終値777ドル安、金融危機深まる
安 株安を増幅
欧州アジアも急落
リーマン破綻
日本経済新聞
2008年（平成20）9月
アメリカの住宅市場の悪化によるサブプライム住宅ローン危機がきっかけとなり投資銀行のリーマンブラザーズ・ホールディングスが経営破綻し
そこから〝リーマンショック〟と呼ばれる世界金融危機が発生した
TERUYA E
これは1929年に起きた世界恐慌以来の世界的な大不況であった
リーマンショックってウチは大丈夫なんでしょうか？
そりゃあ多少影響はあるだろうでもテルヤ電機は80年以上の歴史があるんだ
テルヤ電機と仕入れ先さんお客さんと三位一体の信頼感があるんだ

やはり歴史のある会社ってそこが違うんですね
ああ だからみんなで頑張れるんだな！
そうですね！
私も頑張ります！
あぁ よろしく頼むよ！
２００９年（平成21）９月 民主党政権が誕生した 民主党 社会民主党 国民新党の三党連立政権が成立……
鳩山内閣の支持率は７割を超えた

ドドドオン
2011年（平成23）3月11日
宮城県 福島県を中心に
東日本を大震災が襲った
一方東京では……
ゴゴゴ
危ないですから
道路に出て
くださいッ!
おおう…
ユラ
ユラ
ユラ
ユラ…
会社や社員は
大丈夫かな……

トトトト…
早く戻りたいので 給油を急いで もらえませんか…
給油機を 再起動させるのは 自分じゃできない んです
じゃあ いつに なるのかな?
すいません… 多分2～3時間 かかると……
エエッ!
トボトボ…
しょうがない… 歩いて帰るか…
東北地方太平洋沖を 震源地とするこの地震で 12都道府県にわたり 2万2千人以上の 死者・行方不明者が出た
また福島第一原発にも 多大な被害が出て その影響は現在までも 続いている

会社に戻った和宏は
TVやネット情報を見て
社員を早く帰宅させる
判断をした
カタ
カタ
カタ…
3 MAR
その時の教訓を得て
今は社員の安否確認
システムや自宅まで帰る
防災セットを準備した
ハイ!
東北地方の
お客さんに相当な
被害が出ている
ようです…
そうか…
そういう会社には
社として見舞金を
出そう…
それとみんなに
やって欲しいんだが
担当しているお客さんの
状況を把握して欲しい!
はいッ!

また東日本大震災の時には社員に任意で寄付を集め各営業所でまとめて会社として赤十字に寄付をしたり
震災にかぎらず台風や災害があった時にまずお客さんの状況を把握するのはテルヤ電機の文化となっている
会社として被害のあった得意先に見舞金を出した
我々の業界は災害がくるとインフラ整備のバブルがくる
しかしそれとは関係なくもともと社会インフラに貢献している業界なので災害のあった時は最優先でやるとの意識をもっていますね

社長何を見ていらっしゃるのですか?
あぁ藤井常務 自社ビルの建築の件だけど……
トン
やっぱり ここの土地がないと使いにくい細長い形になってしまう
確かに…この角地の地主さんに交渉してみましょうか
常務取締役 藤井忠雄
そうしてみてくれ お願いするよ
はい

…という訳でなんとか土地を売っていただけないでしょうか？
ダメだね！
ウチはここを離れる気はないんだ！
そこをなんとか条件は……
ダメダメ!!
オレが生きてるうちは絶対売らない！
社長…申し訳ありません！
ほかの土地を探すのはいかがでしょうか？

ここは駅にも近いし
立地もいい ずっとここに
本社ビルを建てたいと
思っていたんだ
……
うむ…
しかし
テルヤ電機にとって
用賀というのは
思い入れのある
土地だし…
わかり
ました
おおお
私が売ってもらえる
まで交渉します!
ありがとう!
お願いするよ!
藤井常務の
数年にわたる
粘り強い交渉が実り
最終的には地主さんに
折れてもらい
用地買収が終了した

ドドーン
ようやくビルが完成しましたね！
おかげさまでこんな立派なビルができた！
これで倉庫の薄暗い中で仕事をしないですみますよ！
前の本社は交通も不便でしたから取引先に来社してもらうのにも大変でした！
それより一番重大な問題が解決されたんですよ
前の本社の周りには飲食店がなくてコンビニが1軒だけだったんですよ
今度は食べるところがたくさんあってランチ難民にならずにすみますからね！

キミにとって一番の問題はランチなんだね
いえ…一番という訳では……
腹が減っては戦ができぬって言うからね
ハハハハハハ
・・・
ハハハ…腹いっぱいの戦を期待しよう!
2014年(平成26)6月用賀に本社ビルが完成した
この年安倍内閣によって消費税が8%になった

ゴゴゴオオ。。。
２０１６年（平成28）4月14日熊本県益城町および西原村で震度7を記録する熊本地震が起こった
今の営業の働き方を見ているとムダが多いと思う
はい
営業から雑務が多くて営業活動に専念できないという意見が届いている
確かに営業所に倉庫があるから在庫管理も営業の仕事になっているし…
それに集金だって営業の仕事になってる…
だから数が合わないことも出てくる…
だろう物流の管理もしなきゃならない納品にも行かなきゃならない 集金もある
これじゃあ営業に専念しろといっても無理な話だ

指山専務
はい
少し お時間を ください
相談したいことが あって……
はい なんでしょうか?
専務取締役 指山明彦氏 2009年(平成21)入社 前の会社から開発部長として テルヤ電機に迎えられた
うん どうも営業が その他の仕事に 時間を割きすぎて いるように思うんだ
確かに
私は物流センターを 作ればいろいろと仕事が 効率的に動くんじゃないかと 思うんだけどどうかな?

そうですね……
問題を解決するには
私は常に３つの見方が
必要だと思っています
①過去を振り返り
物事を検証する
うん
うん…
テルヤ電機は
みんなの頑張りで
順調に成長して
きている
②現在はどうなって
いるかが問題です
営業が物流の管理や
集金などに時間を割かれ
肝心の営業活動ができていない
という問題に直面している
では
③将来はどうしますか
どういう対策を
取りますか
ということですね
そうだな！
ようしやっぱり
物流センターを作ろう！

営業の負担が軽くなる妙案ってなんですか？
物流センターを作ろうと思う
そう！営業の仕事だけになるんだからねその分結果を出さなきゃというプレッシャーも出てくるけどね
おおー！
それはいいですね！
業績アップも期待できますね
営業は物流に割いてた時間がなくなれば
営業だけに専念できるはずだ
指山の賛同も得た和宏はもともと世田谷にあった倉庫が手狭になり物流の拠点を探していた
圏央道沿いの土地に物流センターを作ることを即決した
TERUYA
2017年（平成29）11月八王子物流センターが完成

２０１９年（平成31　令和元年）それまで本社　物流　営業が運用していた基幹システムを変更することになったが…
何しろ今のままでは月次決算に時間がかかりすぎます
それに本社　物流　営業とシステムがバラバラですから決算が正確に出ません
どうすればいいと思う？
新しいシステムを入れて統合するのがいいと思います
しかし現場の反応が心配だな…
そうですね　とくに営業は使い勝手のいいシステムを使っていますからね
しかし今のままでは…どこかで決断していただかないと…
う〜〜む

よしッ！わかった!!
全社のシステムを統合しよう！
カタ カタ カタ…
なんなんだこのシステムは！
使いづらいったらないなッ
本社の連中は何考えてるんだッ！
カタ カタ カタ…
まぁまぁ慣れるまでの辛抱だよ
そんなこと言ったってこんなの慣れるの何年もかかりますよ！
カタ カタ…
ホントですよ！この見積書 今日中に届けなきゃいけないのに！
みんな我慢して使ってるんだ慣れれば便利になるから

なんであんなシステムにしたんですか！
なんてことしてくれたとみんな言ってますよ！
このシステムに慣れれば見積もりも正確になるし
注文処理の与信もあるし仕事は効率化するはずだよ
しかし我々の営業活動はこのシステムのせいで時間を食われているんですよ
誰でも慣れるまでは大変だと思う　でもこれでいくって決めたんだなんとかやって欲しい！
ダン

想像以上に
反発がすごかったですね……
うんでもこの反発もお互い会社を良くしようと思ってのことだからわかり合えると思うよ
それで新システム導入にあたって
〝頑張ってくれてありがとう〟という意味で特別賞与を出そうと思うんだ
ハハハそれはいいですね
社長は我々のこともちゃんと考えてくれているんだ!
よーし!!もっと頑張るぞ!!

蒲田
ここが創業の地なんですね
うん
昔の様子はわかりませんが賑やかでウチの営業所が小さくみえますね
執行委員 経理財務担当 佐藤政明氏
そうなんだ それでちょっと考えがあってね
……相談があるんだが……
はい なんでしょう?
創業の地にある蒲田営業所だけど
ビルに建て替えたらと思うんだ…
エッ!?

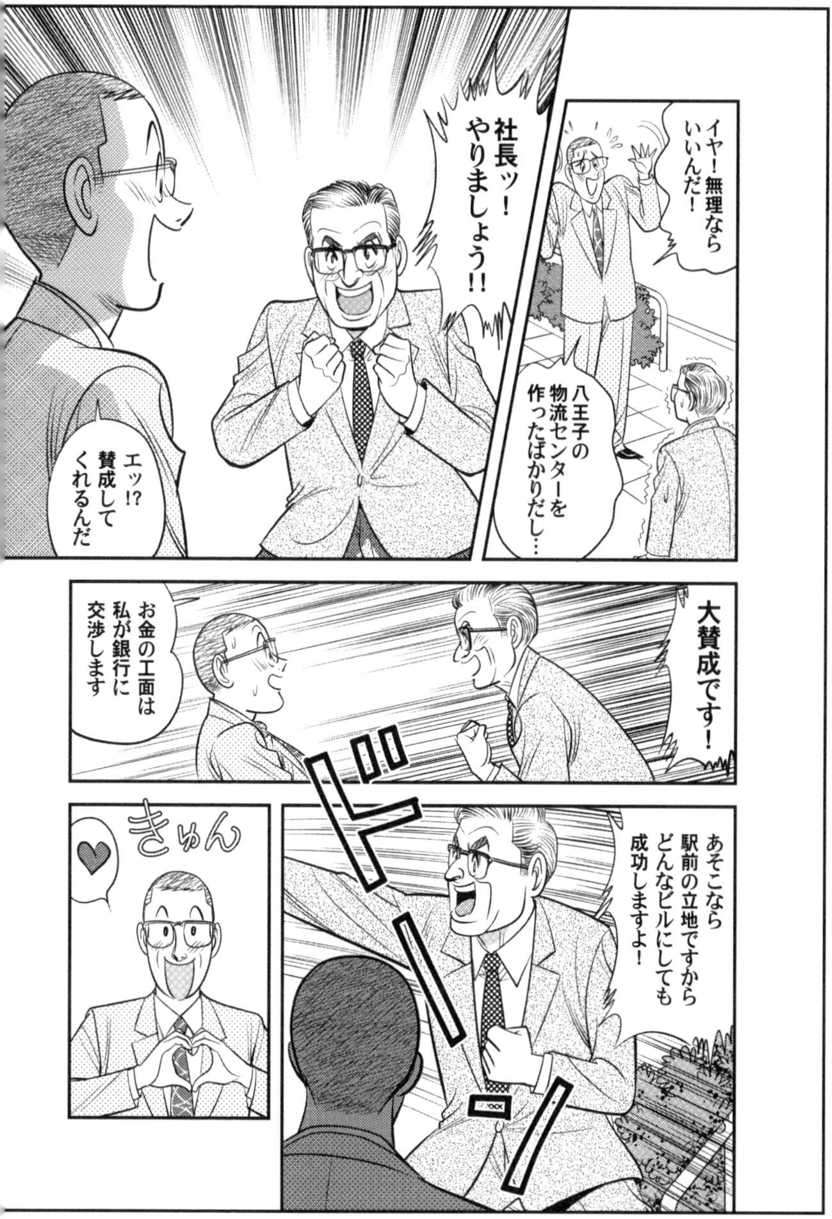
イヤ！無理ならいいんだ！
八王子の物流センターを作ったばかりだし…
社長ッ！やりましょう!!
エッ!? 賛成してくれるんだ
大賛成です！
お金の工面は私が銀行に交渉します
あそこなら駅前の立地ですからどんなビルにしても成功しますよ！
きゅん

2020年（令和2）7月
10階建てのTEKビルが
完成した
このビルの4階まではテルヤ電機が使い
5～10階はワンルームマンションになった
これが調査結果です
業績は安定していますが大きな伸びはありませんね
これが…
う～ん……
原因は営業マンの営業活動時間の少なさだと思います

確かに40時間の労働時間のうち
商談時間は1週間で数時間しか取れていない…
そうですね営業担当にしてみれば
移動時間事務処理などで時間を使われ過ぎているってことですね
うん営業担当には営業に専念して欲しいな
そのための物流センターも作って納品時間はなくなったはずだ
でも事務処理は結構時間を取られますよ
ああ…
そこをどう
するかだな……

やっぱり受注センターを作るか……
受注センターですか！
うん
受発注の専門部署を作りそこで見積もりも専任で行う
そうすれば営業は商談時間を増やす余地ができる
私は大賛成です！
営業活動の時間を増やすことが大切ですね
利益を上げないと給料も上げられないーー
だろ！
2020年（令和2）8月TEKビル内に東京受注センターが開設された

ガチャ
どんな調子かな?
はい!変わらずいいです!
うん ネット通販はもっと早くやるべきだったかな
そうなんだ!まさかこんなに売れるとはね嬉しい誤算だよ!
でも ウチの商品は素人さんが買うとは思えませんでしたから

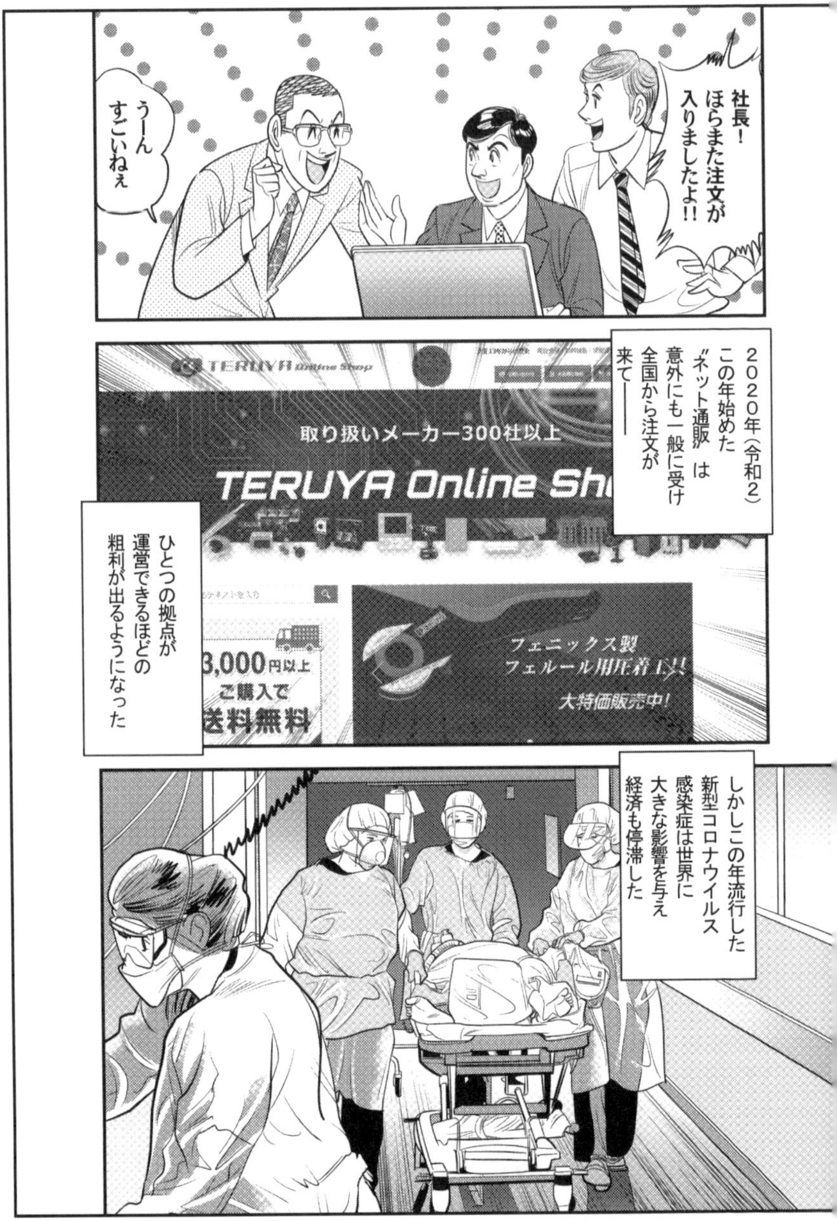

社長！
ほらまた注文が
入りましたよ!!
うーん
すごいねぇ
2020年（令和2）
この年始めた
〝ネット通販〟は
意外にも一般に受け
全国から注文が
来て——
取り扱いメーカー300社以上
TERUYA Online Sh
ひとつの拠点が
運営できるほどの
粗利が出るようになった
3,000円以上
ご購入で
送料無料
フェニックス製
フェルール用圧着工具
大特価販売中！
しかしこの年流行した
新型コロナウイルス
感染症は世界に
大きな影響を与え
経済も停滞した

2021年（令和3）7月23日
コロナの影響で1年遅れの〝東京オリンピック2020〟が開催された
TOKYO 2020
!?
ウクライナ
2022年（令和4）2月24日ロシアのプーチン大統領は〝ドネツク人民共和国〟と〝ルガンスク人民共和国〟を独立共和国と認め
両国を支援するためウクライナへ侵攻を開始した
ゴゴゴオオ

この年の7月8日
奈良県で選挙の応援演説中に安倍元首相が銃撃され亡くなった
部長是非読んでください！
SDGsに関する提案書です
わかった！
エエッ！養蜂か…⁇
確かにSDGsだが…
テルヤ電機がやることなのか？

社長は なんでも
やりたいことが
あったら提案しなさい
とおっしゃってました
そ それは
そうだが…
ブ
わかった!
これは私から
本社に送って
みよう
ありがとう
ございます!
…養蜂かぁ…
なかなか面白い
ことを考えるなぁ

彼の上司によると
彼は世界のことを
考えているらしいですよ
なるほど！
彼が本気でやりたいと
思っているなら
いいんじゃないか！
エッ！
養蜂をですか…
うん 本社の屋上なんか
ちょうどいいかもね
そうですが…
テルヤ電機と養蜂
結びつかないからこそ
面白いんじゃないか
テルヤ電機の社風は
〝やってみなはれ〟
だからね

これからは先の見えることをやっていてもダメだ
若い人の〝やってみたい〟をすくい取って
それを肥料にして会社を育てていかなくては…
2023年(令和5)4月会社が数百万円を投資して本社の屋上で養蜂が始まった

これはテルヤ電機の
〝やってみなはれ〟精神を
具現化したもので
このような提案は
一年中募集している
社員のやってみたいを
後押しする
〝やってみなはれ〟精神

それをすくい取り
具現化する経営陣
テルヤ電機の
歯車は噛み合い
未来へと進んでいく!!

「社史」を読んでもらってどうでしたか？
御社の歴史はよくわかりました
これからの「テルヤ電機」について社長のお考えを教えてください！

エピローグ

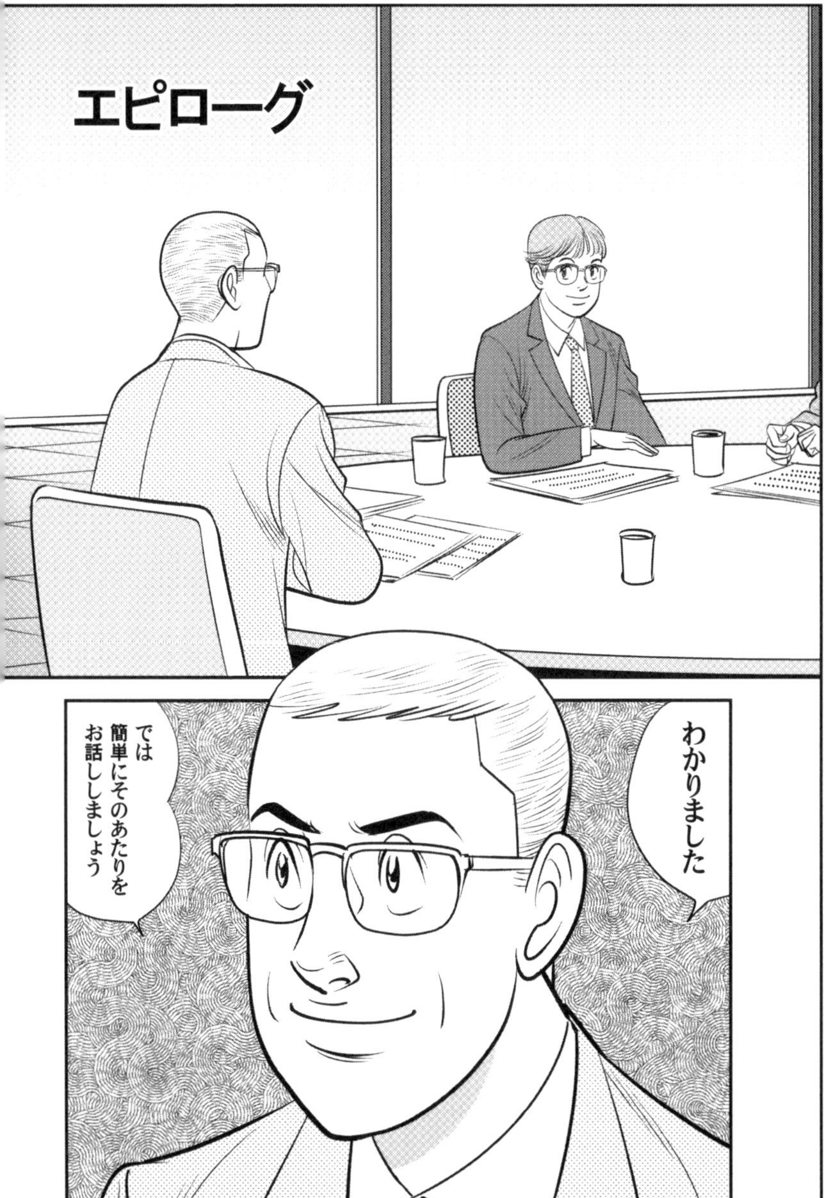
わかりました
では
簡単にそのあたりを
お話ししましょう

テルヤ電機の基本スタンス
まず 気を扱う者として
社会のインフラに貢献していく
という姿勢は創業以来おなじです
また
電機と制御のことなら
我々に任せてくれ！
という自負もあります
これからの生活にも
電気は必要不可欠です
多分 あと100年は
おなじ商売を続けていても
大丈夫という読みもあります
「電気」と一口で
言いますが
どんな商品を扱って
いるのですか？
「電材」「制御」
「情報通信」を
3本柱としています

従業員に対する経営理念
では
従業員に対しては
どんなお考えを
お持ちですか?
我が社が目指すのは
「社員全員の安定した
豊かな生活」です
今は企業規模よりも
企業の中身が問われる
時代です
そのために まず
・給与を上げる
・社員が働きやすい職場環境を作る
・残業を減らす
ことを目指しています
おおおっ

やってみなはれ!!
どうですか?
はい
よくわかりました!
今度は私から
皆さんに聞きたい
ことがあります!
皆さんの就職の
基準はなんですか?
大企業に入って
敷かれたレールの上を
走る歯車になるか
中小企業に入って
やりたいことをやるか
就職するということは
どちらかでしょうね
う〜〜ん
弊社の社風は
「やってみなはれ!!」
です
「楽しくなければ
仕事じゃない」を
モットーにどんどん
新しいことに挑戦
してるんですよ!
エッ!?
例えばどんな
ことにですか?

そうですね
本社の屋上では「養蜂」をしていますよ
エエーッ！
100周年は通過点です！
我々のゴールは社会と会社 従業員が豊かな環境を実現することです！
テルヤ電機はもっともっと走り続けます！
END

第2部

テルヤ電機の今

～100年続く会社ってどんな会社？～

テルヤ電機
Q＆A
こんにちは テルヤ電機 入社7年目の えい子です！
このマンガは テルヤ電機のことを 知っていただくための コーナーです！
私と 一緒に盛り上げて くれるのは～
マンガ／まやひろむ
江川社長～!!
テルヤ電機株式会社 代表取締役社長 江川和宏
ちなみに そのカブリモノは なんですか？
読者ウケを 狙ってみました！
イイでしょ!?

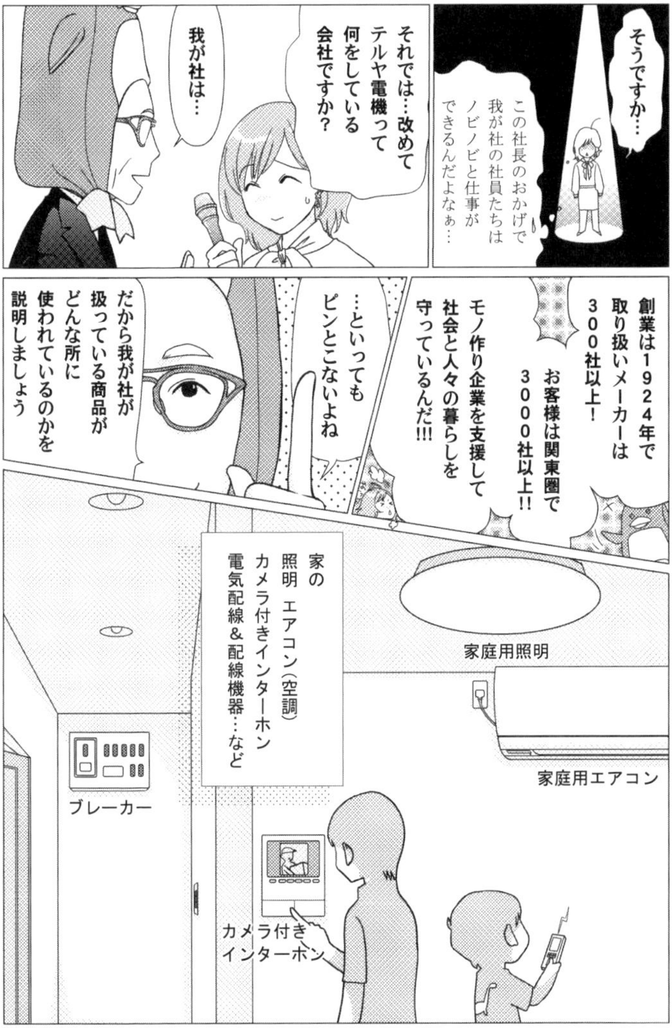
そうですか…
この社長のおかげで我が社の社員たちはノビノビと仕事ができるんだよなぁ…
それでは…改めてテルヤ電機って何をしている会社ですか？
我が社は…
創業は1924年で取り扱いメーカーは300社以上！
お客様は関東圏で3000社以上!!
モノ作り企業を支援して社会と人々の暮らしを守っているんだ!!!
…といってもピンとこないよね
だから我が社が扱っている商品がどんな所に使われているのかを説明しましょう
家の照明 エアコン(空調) カメラ付きインターホン 電気配線&配線機器…など
家庭用照明
家庭用エアコン
ブレーカー
カメラ付きインターホン

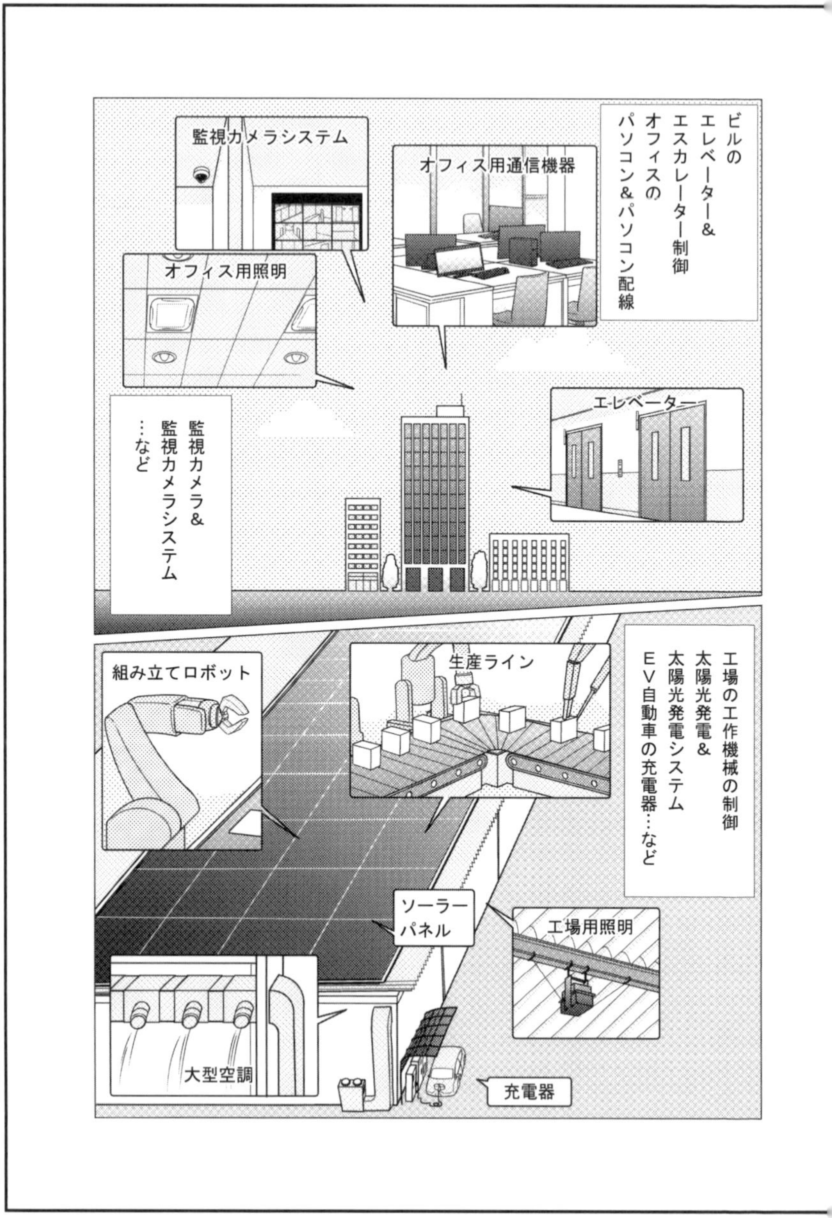
ビルの
エレベーター＆
エスカレーター制御
オフィスの
パソコン＆パソコン配線
オフィス用通信機器
監視カメラシステム
オフィス用照明
エレベーター
監視カメラ＆
監視カメラシステム
…など
工場の工作機械の制御
太陽光発電＆
太陽光発電システム
ＥＶ自動車の充電器…など
生産ライン
組み立てロボット
ソーラーパネル
工場用照明
大型空調
充電器

こういった施設や設備の建設や施工に必要な資材を我が社は供給しているんですよね
そうだね♡
とはいえ…この説明だけでは我が社のことをまだまだ理解してもらえていないと思うんだ…
そこで！
皆さんからの質問や疑問に対して
どんどん答えていこう！というコーナーで～す!!

電設資材 制御機器 情報通信ってなんですか？

この3つの言葉は我が社のホームページや会社案内に出てくるよね
じつは私も入社するまでちゃんとわかっていませんでした
電設資材
制御機器
情報通信
これらは我が社の三大商材です！
それでは説明していきましょう
電設資材は「電気設備資材」のことで「電材」とも略します
電気や電気機器を使うための資材や部品のことです
家 ビル 工場 施設などの電気工事に使います
コード コンセント ブレーカー 分電盤 アンテナ…いろいろな電設資材があります

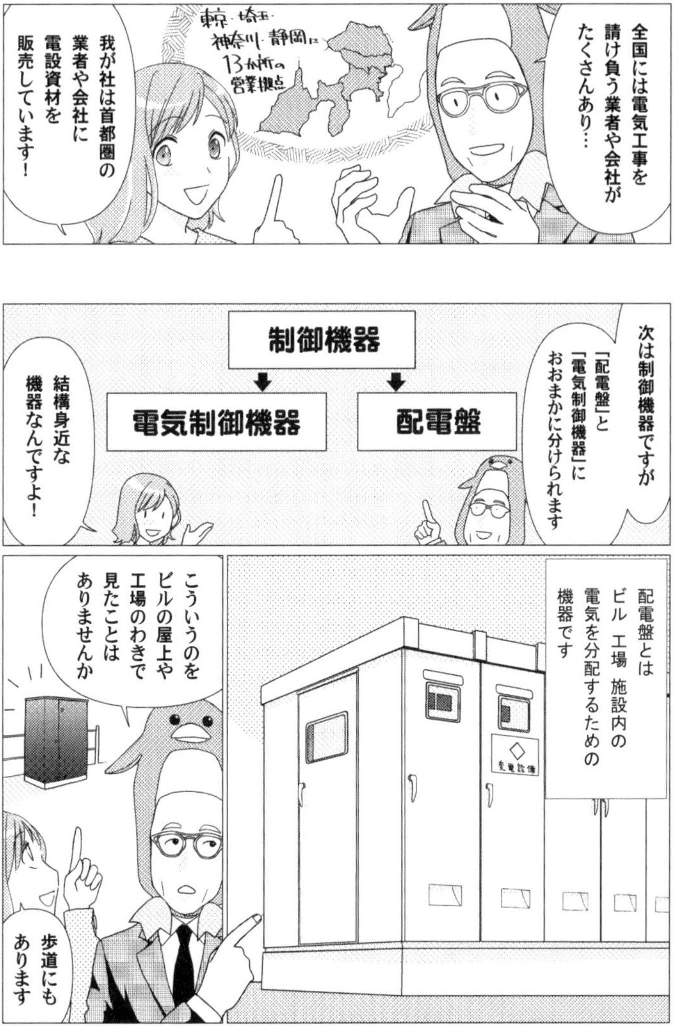
全国には電気工事を請け負う業者や会社がたくさんあり…
東京・埼玉・神奈川・静岡に13か所の営業拠点
我が社は首都圏の業者や会社に電設資材を販売しています！
次は制御機器ですが「配電盤」と「電気制御機器」におおまかに分けられます
制御機器
配電盤
電気制御機器
結構身近な機器なんですよ！
配電盤とはビル 工場 施設内の電気を分配するための機器です
こういうのをビルの屋上や工場のわきで見たことはありませんか
歩道にもあります

電気制御機器とは
遊園地のアトラクション
工場の生産ライン
ビルのエレベーター
などの
機械の動きをコントロールする機器です！
あちこちにある!
配電盤や電気制御機器はビルや工場ごとまたは機械ごとにオーダーメイドされます
ビルによって電気の配分が違いますもんね
センシング機器
ブレーカー
セーフティ機器
タッチパネルなどが
配電盤や電気制御機器の部品にあたります
FLOOR MAP
全国には配電盤や電気制御機器を製作している中小の会社がたくさんあり…
我が社は首都圏の会社へ配電盤や電気制御機器を製作するのに必要な部品や資材を販売しています

ご存知と思いますが情報通信機器の説明です！
固定電話 ファクシミリ スマートフォン 携帯電話 LAN（有線 無線） 無線通信機器や器具など 通信機能をもった情報機器です
また コンピューターネットワークも そのひとつです
我が社では情報通信機器を使うためのハブ スイッチ ルーター ONU（光回線終端装置）などを売っています
さらに コンピューターネットワークを構築するためのソフトウェアと機器なども取り扱っています
全国には…
…社長！
それ…もう3回目なので省いてもいいのでは…
もしかしてお笑いの「かぶせ」的なやつですか？
いやいや！我が社を理解してもらうためにはていねいに説明を…
まだまだ質問があるので次いきましょう

専門商社ってなんですか？

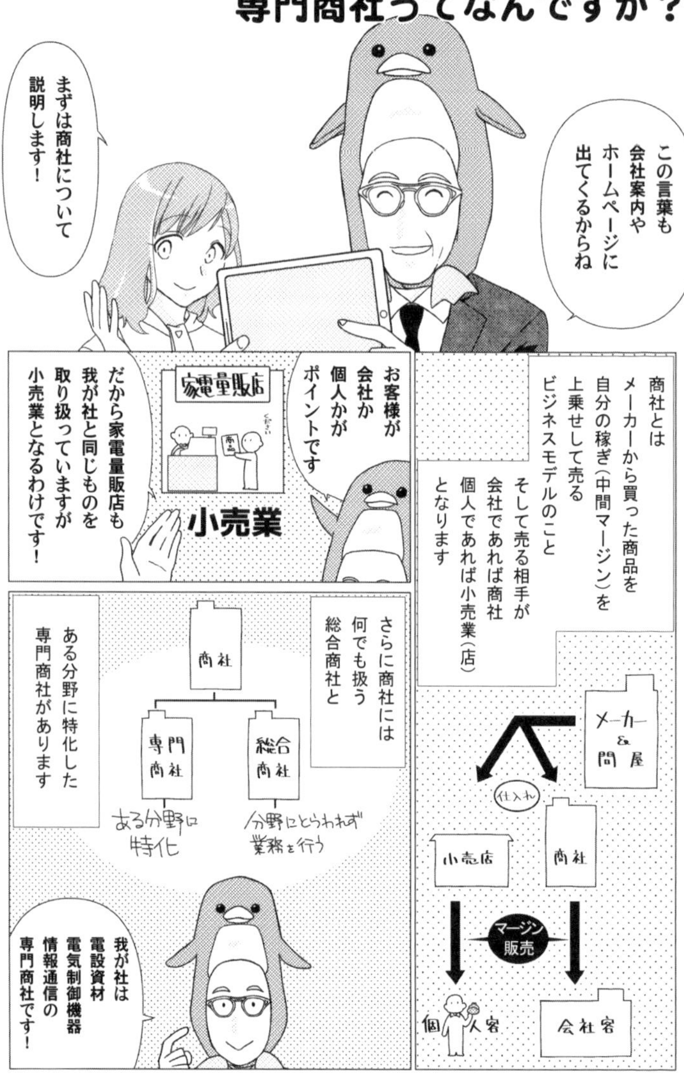
この言葉も会社案内やホームページに出てくるからね
まずは商社について説明します！
商社とはメーカーから買った商品を自分の稼ぎ（中間マージン）を上乗せして売るビジネスモデルのこと
そして売る相手が会社であれば商社個人であれば小売業（店）となります
メーカー＆問屋
仕入れ
小売店
商社
マージン販売
個人客
会社客
お客様が会社か個人かがポイントです
家電量販店
ください
小売業
だから家電量販店も我が社と同じものを取り扱っていますが小売業となるわけです！
さらに商社には何でも扱う総合商社と
商社
総合商社
専門商社
分野にとらわれず業務を行う
ある分野に特化
ある分野に特化した専門商社があります
我が社は電設資材電気制御機器情報通信の専門商社です！

テルヤ電機のビジネス
消費者
業者＆会社
電気工事業者
制御機器メーカー
自動車メーカー
家電メーカー
など
商社
テルヤ電機
メーカー
原料メーカー
資材メーカー
部品メーカー
など
テルヤ電機から買った部品や資材を使って電気工事をしたり制御機器を製作して消費者へ
テルヤ電機は3000社以上の業者＆会社と取引している
テルヤ電機は300社以上のメーカーから仕入れている
我が社のビジネスを図にするとこんな感じです
電気というインフラを陰ながら支えている会社なんです
ちなみに本社ビルはこちら！
用賀駅
駅チカ。
そして仕入れ先のメーカーは３００社以上！取り扱い商品の種類は膨大です!!
その中から３０００社以上のお客様が求めているものを適切＆迅速に提供できると自負しております！
お客様からすれば超便利!!
仕入れ先もお客様も我が社もウイン ウインです！

どんな人が働いていますか？

という質問ですが いろいろな人が 働いていますからね ……
取りあえず 社員に志望動機を 聞いてみるか
ん？
今年はちゃんと 帰省するって！
コロナ禍も 去ったし ♪
おっ ちょうどいい 社員がいた！
タイムリーだね
わ
社長!?
え？ 何!?
キミはどこの 出身かな？
？ 北海道です
帰省するにも 交通費かかりますね 地元企業への就職を 考えなかったん ですか？
大学に入って 上京できたから 関東圏で 働きたくて
だから 「関東から 離れないこと」と 「土日が休みで あること」が ボクの会社選びの条件 だったんです
こっちで 働きたいけど 帰省する 時間は 欲しいなって

新入社員は全国転勤必須や昇進と異動はセットなんて会社ばかりで～
そんな中就活サイトでテルヤ電機を見つけて即エントリーしました！
ピロン
検索結果1件
テルヤ電機
全国への転勤がない！
土日は休み！
北海道勤務はしたくないし
結婚してからの転勤で単身赴任も悲しいので…
わかる!!
遠恋イヤ!!
他社に就職した友人たちは毎年春が近づくとそわそわしてますよ
辞令の季節っ
オレ転勤決まった…
あはは
それもわかる…
他の社員はどうでしょうか？
オレの志望動機ですか？
ちょっと今イイ？
ハローワークにあった高卒求人の中でテルヤ電機の給料が一番高かったからです！

…お給料ですか…
大事でしょ
そうですね…
高校卒業時の就活で「高卒じゃぁ昇給や出世は無理」って方々で聞いていたんで
じゃあせめて最初から多くくれる会社を探したんです！
ハローワーク
多ければ多いほどいいんですッ
これって会社は高卒でもちゃんと戦力として見てくれているってことですよね！
入社して12年になるんですが次長になりました！成績残しながら働けば出世できるんです!!
やる気次第で学歴に関係なく出世できる！
昇給はやる気になりますもんね
そうでしょうそうでしょう
ちゃんと評価しますよォ〜
次は女性の営業担当にも聞いてみましょう
うっ！

郵 便 は が き

切手を
お貼りください

105-0003

（受取人）
東京都港区西新橋2-23-1
3東洋海事ビル
（株）アスコム

私たちテルヤ電機です。
100年続く会社の理念と挑戦

読者　係

本書をお買いあげ頂き、誠にありがとうございました。お手数ですが、今後の出版の参考のため各項目にご記入のうえ、弊社までご返送ください。

お名前	男・女	才
ご住所　〒		
Tel	E-mail	
この本の満足度は何％ですか？		％

今後、著者や新刊に関する情報、新企画へのアンケート、セミナーのご案内などを郵送またはeメールにて送付させていただいてもよろしいでしょうか？
□はい　□いいえ

返送いただいた方の中から**抽選で3名**の方に
図書カード3000円分をプレゼントさせていただきます。

当選の発表はプレゼント商品の発送をもって代えさせていただきます。
※ご記入いただいた個人情報はプレゼントの発送以外に利用することはありません。
※本書へのご意見・ご感想およびその要旨に関しては、本書の広告などに文面を掲載させていただく場合がございます。

●本書へのご意見・ご感想をお聞かせください。

ご協力ありがとうございました。

私 本当は事務職希望の転職だったんですよ…
前職が営業担当で売上ノルマや部内競争がキツくてそういうのはもうイヤだなと　でも面接の時に…
営業担当どうかな？
事務職希望です…
お酒飲める？血液型は？デンキって聞いて何を思い浮かべる？
お酌させる気？なんの関係が？
前職でメンタル削られているのに…
そういえばこの前 営業先でこんなことがあってね～
うちの営業はこんなトコだよネ
大丈夫できるよ！
……面白そうかも…
…って感じで気づけば7年続いてますね！
営業担当といえども女性でも働ける！メンタルを削られない!!
志望動機はさまざまですね
社員の数だけ動機があるよね！

営業担当はどんなことをするんですか？

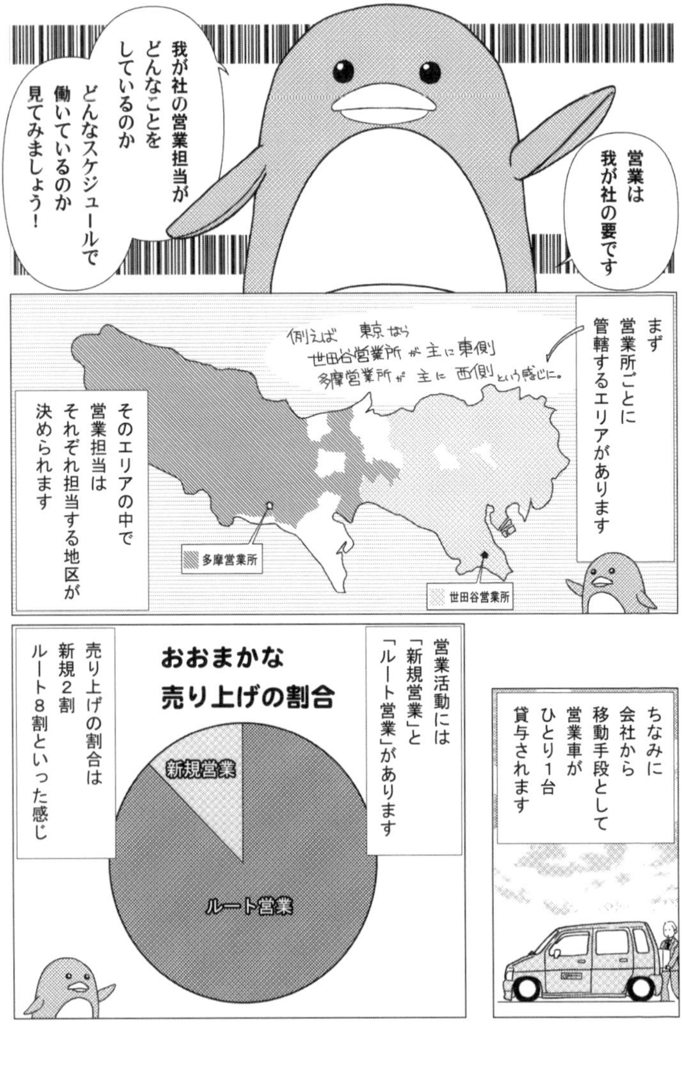
営業は我が社の要です
我が社の営業担当がどんなことをしているのか
どんなスケジュールで働いているのか見てみましょう！
まず営業所ごとに管轄するエリアがあります
例えば 東京なら 世田谷営業所が主に東側 多摩営業所が主に西側という感じに。
そのエリアの中で営業担当はそれぞれ担当する地区が決められます
多摩営業所
世田谷営業所
ちなみに会社から移動手段として営業車がひとり1台貸与されます
営業活動には「新規営業」と「ルート営業」があります
おおまかな売り上げの割合
新規営業
ルート営業
売り上げの割合は新規2割ルート8割といった感じ

新規営業は
新しいお客様の開拓です
既存のお客様から
紹介されることもあれば…
購入したいものあるらしいから
帰り寄って行ってやってくれる?
飛び込みで
探すこともあります
■■株式会社
△△▽株式会社
○○金属
◆◆◆◆
△△△△工業
○○○ガス
■□□□会社
電機系かな…?
ルート営業は
すでに取引のある
お客様の所を
まわることです
こんにちはー
不足品ありませんか
△△電気工事店
注文を取るのが
メインですが
時には売り込みもします
新製品いかがですか?
ほう?
究極の例えとしては
『サ●エさん』に出てくる
三河屋さんのサブちゃんです
ちわー
みかわやでーす
では 営業担当は
日々外回りをしていないと
いけないのでしょうか?
毎日外出するって
体力もつかな…
志望して平気!?
いえいえ!
そんなことは
ありません!!

外回りをしないで
デスクワークだけの日も
もちろんあります！
見積書やら書類作成したり
会社としては積極的に外回りをして欲しいと営業担当には言うけどね
でも絶対じゃないよ
そう全て状況しだい
商品の勉強したり
売り方や取引先の研究と
やれることはたくさん！
デスクワークが半月間続くこともあれば
逆に2週間出っぱなしなんてことも…
納品
御用聞き
商品紹介
新規開拓〜
急な発注やトラブルがない限りは
え!?
納品数が合わない!?
すぐに調べて折り返します〜!!
スケジュールは営業担当任せ
直行直帰なんて時もあります
姿を見ないと思ったら…
12月10日(水)
スケジュール

そんな営業担当の一日は
こんな感じ
出社して朝礼
おはようございますッ
伝票整理＆
メールチェック
お客様へ持参する
資料の準備が終わったら
ホワイトボードに
その日の予定を書いて出発
営業回りから
戻った後は
お客様からの
要望の処理
途中で
お昼をすませて
情報交換もしたり
あの会社は…
あれのアピール方法は…それと
今後の営業活動の
ミーティングなど
残務処理を
終えたら退勤
退勤
朝早くから
打合せがあれば
お客様の所へ
直行したり
Pi
Pi
Pi
こういう時は社用車を家に持ってきておく
夜遅くなれば
直帰もあるし
ふぅ
何も予定がなければ
終日営業所で
内勤という日もあります
でも在宅ワークはダメなんだよなぁ
まぁ急な対応難しくなるか…

ここでちょっと裏話
じつは営業担当には とっても重要な仕事が あります…
ズザザ
えっ!? 社長にそう言われると どんな仕事なのか 怖いです!
RRR
RR
はい! テルヤ電機です
ええ! 3日以内に ○×を100個!?
お客様
メーカーに 聞いてみます!
メーカーさん
3日以内に 100個ですか!? すみません 無理です!
そうですよね
わあっ
そこを なんとか お願いします!
なんとか したいの ですが数が…
うわぁぁ～
ってこと よくあるん だよね…
ううっ

こういう時
営業担当は
お客様とメーカーを
ひたすら往復!
急いでる
お客様
メーカー
相談
対策
提案
再提案
その工事の初日に
絶対に必要なのは
何個ですか?
初日に?
まずは50個かな
でも…
すぐ次の工事に
必要で…
3日後に
まずは50個を!
残りは
別の倉庫の
在庫から
集めるのは…
うーん
その数なら…
このように
よしっ
板挟み状態になった時
双方にとっての
落とし所を調整する
その数なら…
よしっ
この調整する
仕事が
重要なのです!

自分に営業ができるか不安です

まずは本社で研修！
我が社の説明
名刺交換や挨拶の仕方など社会人の基礎を習得してもらい
さらに我が社の物流センターで作業をしながら商品について知ってもらいます
その後各営業所へ配属されます
東京 埼玉 神奈川 静岡に13カ所の営業所
配属された営業所では教育係の先輩社員からOJT教育を受けます
いきなりひとりにはさせませんよ
「OJT」※を直訳すると「仕事を介した訓練」という意味になります
※「On The Job Training」の略。
先輩社員の仕事の手伝いや指示された仕事を実践していく中で業務に必要な知識やスキルを身に付けてもらいます
実際に仕事を… やってみせる←説明する←やらせてみる←確認←追加指導
…と ていねいに指導します
そして半年後には先輩社員のお客様を引き継ぐ形で営業担当デビュー！
デビュー後も仕事に慣れるまでは先輩社員が同行します
次のページでは営業担当デビュー後の様子を見てみましょう

～とある新入社員の体験談～
営業デビューはチラシ配りから

営業担当デビューして担当のお客様を持てたとはいえ…
○○を5個に□□を10個週明けに届けて
え？
ええ～と…
発注されても言葉が聞き取れなかったり
聞き直せる空気じゃない…
そもそも何をすればいいのかわからない…
いきなりばっちり仕事ができるわけではありません
先輩～
まずは商品のチラシやカタログを配りまわるといいよ

チラシを渡すことで
お客様との会話に慣れたり
我が社が取り扱っている膨大な種類の商品とその商品のアピールポイントそれらを必要とするお客様の仕事内容を理解できました
またチラシを渡しているとお客様から
こんなモノも扱っているんだ
納期はどれくらいなの？
それからこの前の…あれやこれや
といった宿題をいただき
先輩～
キーッ
〇〇営業所
その宿題を営業所に帰って先輩に相談して回答や指示をもらい処理して仕事を覚えていきました
行動することで初めて営業のスキルが上がっていくのです
総合力
どの商品がどちらのお客様に合うか
お客様の仕事内容
商品の名前アピール
会話
未経験
営業活動に不安を感じることは全くありません

どんなお客様がいますか？

確かに気になることですね
とはいえ我が社のお客様は3000社以上…
一概には言えませんねぇ…
必要以上にお客様を怖がることはないよね
先代の時にこんなことがあってね…
え、そんなことが!?
へぇ～
取引の長さでいうと昔からのお客様だと40～50年という会社があります
新しいお客様だと取引を始めてまだ1～2年という会社もあります
これからよろしくお願いしまーすッ
こちらこそー
先輩社員からお客様を引き継いで営業担当デビューしますが…
今日 会うお客様 先輩とギクシャクしていたなぁ…
怖くないといいな…
そんなお客様の所にドキドキしながら行くと
○○注文するねー
次は△△のカタログ持ってきてくれる～?
ほっ
自分とはスムーズにやり取りできたり その逆に

先輩社員と仲良くしていたお客様とはやりにくかったり
アレ発注したいんだけど
アレだよアレー!
アレ…とはなんでしょう?
あとアレも!!
…えーどれですか?
えーアレで通じてたよ~
前の子はアレでわかったのにー
比べられちゃうからかな…
相性はさまざまです
だから時にはこんなことも…
お客様とうまく会話ができなかったオレ…営業担当に向いていないかも…
ずーーん
新人は自分に問題があるって思いがちなんだよな~
でも…
「そういう時はあっちこっち回れ」ってオレが新人の時言われたよ
ほらこれでも持って
じゃぁこの商品を発注しようかな
そして
このお客様からは注文が取れた!先輩が言っていた通りだ!!
お客様も営業担当も十人十色ですよね

営業担当の喜びってなんですか？

どんな職業
職場にも
やりがいは
あるものです！
営業所の皆さんに聞いてみましょう!!
未決裁
「一人前になれた！」って思えた時嬉しく思うなぁ
お客様から「担当を替えないで」って言われるのも嬉しいね
どうなると一人前なんですか？
我が社の場合は…
新人の時に年間の取引金額が少額の比較的新しいお客様を何社か担当するんだ
A社
B社
C社

そこで営業の仕方を覚えていくのですが
そういった会社と懇意になれるよう努力しているうちに
ふと気がつくとその会社との年間の取引額が１００万円を超えていることが…
今度大きな取引をお願いしたいんだ
ぜひ!!
そうなると新しいお客様の開拓に成功したってことで一人前と認められるんだ
なるほど
だから営業担当のほとんどはより大きな工事に関われるように
第二種※電気工事士資格
を取ろうと張り切ります!

※電気工事の作業に従事するために電気工作物の工事に関する専門的な知識と技能を持った者にあたえられる国家資格です。

やりがいとは少し違うけれど我が社にはこんな良さがあるよ！
ん？
「競争で勝ち抜く！」や
3カ月連続ノルマを達成してこそ初めて一人前！
いちにんまえ
「厳しいノルマを達成したら一人前！」…といったことはなく
資格の取得についても義務や競争心からではなくスキルアップを目指した自発的なものです
そのため営業所内で競争意識を感じずにいられます
追いたてられながら仕事するのはキツイ
営業所内でギスギスしてたら働きにくいもんね…
もちろん営業職である以上売り上げの数字は大切ですし目標額もあります…
が
それを毎月きっちり到達しなかったからといって同業他社と比べて怒られません
ヤベ今月目標届かないな
当月 成績表

ユルイ会社
だから…？
なぁなぁでいいよ～
売れる時に売れればいいさぁ～
ヘラヘラ～
ヘラヘラ～
うわっ あんな会社イヤだ
いいえ
違うのです！
上層部が現場を
信頼して
任せてくれて
いるからです！
ふむ
この地域は今
こういう事情で…
それ故
営業担当たちは自然に
「頑張ろう！」という
気持ちになるのです!!

服装はどうなんですか？

次の質問は…
最近 クールビズやウォームビズという言葉をよく聞きますから…
職場での服装が気になる人が多いみたいですね
我が社の営業担当の基本はスーツ！
（これでイケメン度&イケ女度２割増♡）
ですが…これはお客様の会社や事務所に行く時の服装
お客様が電気工事をしている現場に行く時は
作業着を着ます！
これはこれでコアなファンがいるとかいないとか…

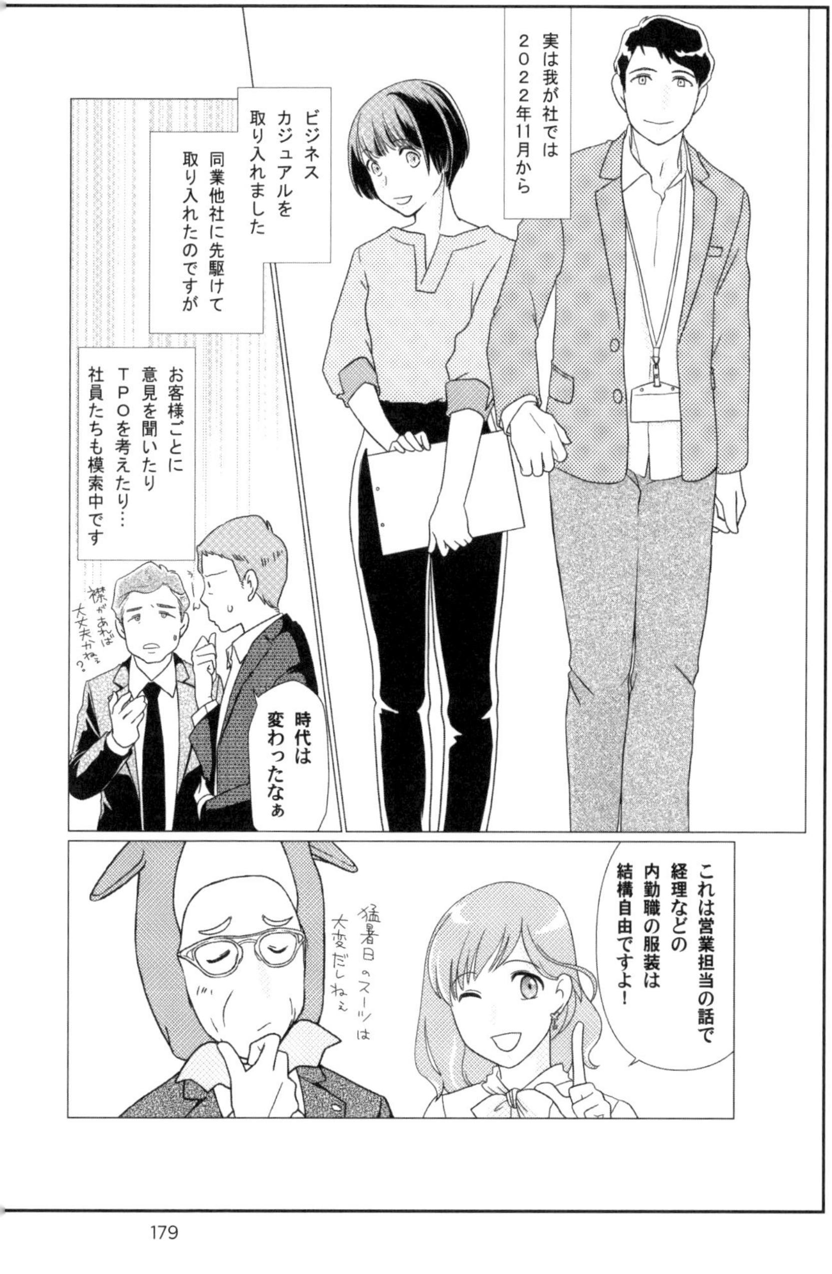
実は我が社では
２０２２年11月から
ビジネスカジュアルを取り入れました
同業他社に先駆けて取り入れたのですが
お客様ごとに意見を聞いたりＴＰＯを考えたり…社員たちも模索中です
襟があれば大丈夫かねぇ？？
時代は変わったなぁ
これは営業担当の話で経理などの内勤職の服装は結構自由ですよ！
猛暑日のスーツは大変だしねぇ

「テルヤ電機は不況に強い」と聞きましたが本当ですか？

この質問は…
社員として私も興味あります！
はい　本当です！
その秘密はお客様の規模と数にあるんだ!!
我が社は地域密着型の営業が特徴で
同業他社と比べてお客様は大手企業より中小企業が多いんです
それ故にひとりの営業担当が担当する会社の数は多め
営業所や担当地区にもよりますが
平均で50社ほど多い人だと100社にも！
どやっ
100社!!
1日5社まわっても1カ月かかるってことですか!?
そんな営業さんがいるのね!?
そこは無理なくまわれる数でいいから安心して

我が社の 地域密着型 営業の メリットは 景気に左右され にくいことです
好景気
低迷
どういうことかというと 大手企業との取引は 大口なことが多く 景気のいい時は 売り上げ目標を クリアしやすいものの…
大型工事依頼
他社
受注
ひとつ受けただけで 売上目標 クリア♪
景気が悪くなると
買い控え
他川社
他からも 収入0
売り上げナシ
購入額や量が 絞られてしまい 売り上げの 低下が著しいんだ
その点 一度の購入額が小さくても 顧客数が何千社とあると
景気が少しくらい悪くても 売り上げが 極端に下がらない
苦しいけど うちは発注あり
うちは今 ムリ
注文
注文
売り上げ0には ならず
取扱い品が多いから 景気に関係なく 売れるモノも
リスク分散…って感じでしょうか…

テルヤ電機の社風を教えてください？
営業所だけではなく我が社全体的の雰囲気を知りたいみたいですね
ふむ
売り上げ目標やノルマに対して厳しすぎないので社員間で競争心があまりない！
9月 営業 当月成績表
わっ
たまたま！
おーすげ
激しく怒る人がいない！
注意や指導はあります
感情的に叱らない
派閥がない！

新しく開拓できそうな会社の情報
おおッ
オレだと回りづらい場所で…
社員同士の仲が良く
社員たちで休日に遊びに行ったりする！
わぁ
わぁ
なんでもありで自由！
社員の提案から養蜂などもやっています！
デメリットは自由すぎてルールがない
その分自分自身がしっかりすればいいのさ！
目標
計画
報連相※
今ルール作りをしている
100年も続いている会社で今までルールがなかったのは珍しいんだよ
へぇ
※報連相…「報」=「報告」、「連」=「連絡」、「相」=「相談」。

ここでちょっと裏話 その2

我が社の社風を知ってもらうために行事をひとつ紹介します
「照親会」というメーカーさんとの親睦会です！
1年に1回総会を兼ねての国内旅行で参加者は70人ほど！
よくあるただ温泉に行ってお酒を飲むという宴会旅行ではないんです！
コンセプトは「記憶に残る今までにやったことのないことをやろう！」です
ルールも勉強しました
その年ごとにイベントを企画してカーリングをやったこともありました
ある年は宮古島でサップ！

その他には
サバイバルゲーム
富士山登頂
雪合戦…などなど！
新しい体験を皆で共有するのは
「いろんな体験によって
人生に広がりと深みが増して
豊かになる」から！
私は体力もつきましたー
仕入れ先であるメーカーさんを接待しつつ仲間として一緒に楽しんでいます
仕入れ先とお客様両者がいてこその我が社なのです
だからどちらも大切にしたいんです
お客様
メーカー
「皆で歩んで行こう」
そういう思いを育みたい
…という行事が
照親会なのです！

このコーナーの締めとして
社長の思いを聞いてください！
皆さんから寄せられたいろいろな質問に答えていたら
自分が就職試験を受けた時のことを思い出してしまいました…
特に面接試験はドキドキしますよね！
はいはーーいッ
最終面接では私もいますよ！
「きゃ～」って……
傷つくなぁ
すみません～
社長の面接って超緊張するなっと…
リラックスして受けていいんだよ
採用 不採用の最終判断は私の役目！
しっかり見ているから安心してね!!
それ…よけいに緊張しますって…

だからこそボクは入社してきた社員ひとり ひとりにとても期待しているんだ！
そうなんです
それ故我が社にはちょっと変わった習慣があります
ブブブ
ブブブ
息子ちゃん着信中
まだ勤務時間じゃないの？
あらどうしたの？
→とある内定者のお母さん
母さんと父さんの予定をちょっと聞きたくて
予定？
会社の人が親に挨拶したいって…
ええ!?
初めまして!!
本当に来たよ!!
我が社の社長か専務が新入社員の実家を訪問して挨拶をするのです！

親御さんに我が社がどういう会社か説明したり！お子さんにどういう社員になって欲しいかを話したくてね～
なるほどー
親御さんも可愛い我が子の就職先を知ることができて安心できるんじゃないかなぁ…と思ってやってるんだけど
ダメかな？
いや いや
まさか社長さんが挨拶にくるとは…
こんな会社もあるのね～
最初はどの親御さんも驚きますが
今日社長きたんだよね!? 変なこと話してないッ!?
話してないよ
仕事の話聞いただけよ
やあねぇ
ご挨拶した後は「社長とお話しをして安心した」とおっしゃいます

なんだか芸能事務所のスカウトや相撲部屋の新弟子入門みたいですね
ふふ
ホテルやレストランでの会食の場合もあるけどね
…といった会社ですがいかがでしたか?
社員を温かく見守ってくれるやりがいのある会社です!
なんでも「やってみなはれ!」と言って社員たちを応援しますよ!
アナタもテルヤ電機で働いてみませんか!?

第3部

テルヤ電機の風景

～あるある！ 働く人々の日常～

知らぬ間に…
○月□日
とあるテルヤ電機
営業所――
テルヤ電機新入社員・てる男
マンガ／まやひろむ
行ってきます～
営業担当たちは
社外に出かける際
「行ってきます」
と言って出て行く
特定の誰かに
言っている訳ではなく
それを聞いた近くの人が
それに応えている
行って
らっしゃい
…あの
えい子先輩
「行ってきます」
「ただいま
戻りました」って
言う決まりになって
いるんですか？

決まりじゃないけれど…何か変？
てる男の教育係・えい子
家でもないのに先輩たち言ってるなぁ…と思いまして
…オレ家でもそういうの言わないので決まりじゃないなら言わないかも…です
誰が言い出したのかはわからないけれどいつの間にかみんなに定着していたらしいから
てる男くんも知らぬ間に使っているかもよ
そんなものですかね
1年後
言うようになっていたてる男くんだった
行ってきますー
こんなテルヤ電機のあるある話をご紹介します！

電機です

営業所の休憩所――
先週末大学の同期と飲みに行ったら…
どこに就職したかって話になりまして…
オレ A社〜
オレ B商事
てる男は？
オレはテルヤ電機の営業担当〜
でんき…電気…ああっ！家電量販店!!
は？
あっ！もしかして電器店の方か？
個人経営の商店なの？
え!?
えーどこにあるの？
ちがッ

そうじゃなくて〜ぇ
…ということがありまして説明が大変でした…
オレの親戚にもそんな人がいたなぁ〜
同業者でもなきゃ商社の名前なんてわからないよな〜
先輩たちもそんな経験を…
社員の9割はおなじ経験があるんじゃない
それと家電メーカーに間違われたりもあるよな！
そうそう！それで最後に必ず…
おススメの家電はなんですか？
って聞かれるんだよな〜
聞かれた
オレ 最近はお気に入りの炊飯器って答えるようにしてる〜
イシシシシ
オレめっちゃ高いマッサージ機！
！
否定しないんですか!?
どうやら我が社のみんなが通る道のようです…

親族経営
営業担当の仕事はまず電話対応に慣れなければならない
RRR
とはいえ
どんなにコミュ力が高い新人であっても慣れない仕事に戸惑うこともある
――では復唱します
○▽会社の△△様
■◆を10個
ご発注
スラ
お間違いないでしょうか?
スララ
ふっ…完璧だぜ!
オレサイコー♪
それの納期4日後って折り返し伝えておいてくれる?
はーい
先ほど△△様にご発注いただきました件で…
それはオレの発注じゃねーよ
ガチャッ
!?

あっ
○▽会社さん
だったか…
どんな声だった？
低い声？
ハスキーな感じ？
早口？
え…
えーと
ハスキーな声…
だったかな
じゃあ
息子さんからの
注文かな
ええ…？
説明しよう！
テルヤ電機のお客様の
電気工事会社には
親族経営の会社が多い
例えば
サトウ工務店(仮)さんの場合
一代目
会長
サトウさん
二代目
社長
サトウさん
三代目
社員
サトウさん
四…？
事務パートの
サトウでーす
他人ですっ
よくある苗字だと
雇った人まで
おなじ苗字だったり…
そして
そういった会社では
社員全員がおなじ苗字
…なんてこともざら！
慣れてくると
声で誰か聞きわけ
できるよ！
声優オタク
みたい～
半年後
声で相手の体調まで
わかるようになった
………
○▽の△△
ですー
息子さん
今日は
二日酔いだな

電話受注
RRR
ドキ
営業担当の電話対応の難しさはまだまだ続く…
工事の音で
テルヤ電機です
聞こえない、
声が。
現場から電話しないで欲しい〜
声は聞こえるけれども
テルヤ電機です
もしもしオレだけど
超早口
えっ??
日本語!?
?
明日までに頼むよ
ガチャ
聞き取れない〜

※1：コンクリートに埋めこむ配管。
※2：絶縁抵抗測定器。

意思疎通
お客様と商談をしていると…
あーっ！アレが切れたんだ…
アレ…
またアレを20ほど発注頼むよ
おいおい！アレだのソレだのでわかるかよ〜

商品名を言わず「アレ」だの「ソレ」だのと言ってくるお客様がいる

いつもご注文いただいている○▽社のVVFケーブルですね！20把でよろしいですか？！
ソレを20で！

女房ですら
アレじゃ伝わらないのに
キミはわかってくれて
助かるよー！
HA HA HA HA HA HA!!
テルヤ電機で
取り扱っている
商品は数万種もある
「アレ」だけで
よくわかりますね
新人のうちは
難しいけれど
経験を積めば
てる男くんにも
わかるよ！
そうですか
……
重宝がられたら
しめたものだしね！
ククッ
そうですか
……

電材の納品

身近なモノほど それが常にあって 当たり前と 感じてしまう…
ノドが かわいた
？
あれ…水 あ！
例えば 水のように…
断水中だった… すぐ忘れちゃう
ガクリ
納品に 行くよー
はーい
あ！ えい子先輩 ファン付き作業着を 買ったんですね～
なかなか いいよ！ っていうか…キミ スーツのズボンで 平気？
今日はそこまで 暑くないから 平気ですよ～

今日の納品は最上階だって言ったよね？
現場への納品
現場すなわち建築途中！当然 電気は未開通…
エレベーターは……まだ
使えない
ガンバレー
特に夏場は地獄というお話…

話題作り

てる男くん！昼食中になんの動画見ているの？
わっ
これから行く会社の社長さんが好きって言ってたスポーツの動画を見つけたんで
雑談から商談につながることもあると聞いたので少し見ておこうかと…
おお！なるほど!! たくさん発注してくれる流れになるといいね！
頑張ります！
ふふふ

こんにちは！
新しいカタログを
持ってきました〜
やぁ
社長さんが
教えてくれた
ボッチャの動画を
見ました！
面白そうでした！
本当かね!?
いやーっ
単純なようで
奥が深いんだよーーッ
戦略がいろいろあって
腕を磨けば
より面白いし
何より
孫と一緒に
できるのが本当
嬉しくてねえ

そして

あわわ…
話が弾みすぎちゃった〜
えいこさん
遅くない？
着信
着信
大丈夫？
ギョッ
営業所に
連絡を入れて
おかな…
ひえ〜
遅くなって
すみませーん！
もー
トラブルかと思って
心配したよ〜
会話の
盛り上がりすぎに
注意しないと
いけない…

商品説明

営業担当は営業活動用のパンフレットや商品説明書を自作することがあります
新人はわりと張り切りがち
よし細かく丁寧に
解説するぞ!
アレもコレもソレも細かなことまでしっかり説明して…
オレのパンフレットを見て買おうと思ってくれちゃったりして～!!
そして
社長！新製品案内ですいかがですか？
ん？どれどれ？

…………
……
いっぱい書いてあるねぇ
おすすめですからー♡
はい！細かく説明しようと思いまして!!
…でも何が言いたいのかよくわからないいな…
それともう少し字を大きく！
新人営業担当がよくやる失敗談です…
ダメ出しされました〜
シンプルなのがいいんだよ…

急な呼び出し

R
えい子です
RRR
お客様からの急な呼び出しは
今日ウチの会社にきてくれる？
ひっ
心拍数が一気に上がります
注文をもらえるかも！
というドキドキが2割！
発注♡
納品ミス
クレーム
不良品
納期遅れ
予想される呼び出されたさまざまな理由→
すぐ
行きます
何かやらかしたか!?
というドキドキが8割!!

親しいお客様ならば声の調子で内容を察したり
おだやかな声音
理由
要件を聞いてから向かえるのでいいのですが
何もわからず向かう道中は
胃に穴があく思いをしています
いやぁ～たくさんもらっちゃってさぁ！
冷凍庫に入りきらないからきてくれて助かったよ～！
持って行ってよー
怒られなくてよかったですね
最初に言ってくれたらもっとよかったけどね…

女性の営業担当

えい子です
もうひとつ私の体験談を
させていただきます
業種によっては
どうしても
男女比率がかたよる
ことがあります
この業界は
男性が多い職種で
お客様の中には
女性の営業担当に
戸惑う方もいました
よろしくお願いします！
あー
女性
私自身も
転職したての時は
つい以前の感覚で
ごりっ

現場にスカート姿で
行ってしまい
悪目立ちしたことも
大丈夫ですか？
作業中の現場では
足元に
気をつけないと…
あれから
数年
現場へは作業着
安全靴 ヘルメットで
行くことを覚えたり
いろいろと学びました
おっ
今日もヘルメットが
似合ってるよ！
ありがとう
ございま〜す
ほほほ
営業担当として
お客様に育てて
もらった感じです

ある先輩のお話

今日の仕事はちょっと苦手なお客様への納品だ
納品物は車に積んだ!
納品書よし!請求書よし!念のためのカタログもよし!
忘れ物はない!!
行くぞっ!!
ガザッ
うわー念入りですね!大口の取引ですか!?
いや…いつもの発注品なんだけど
このお客様の時だけ毎回何かしらミスするんだよ…
ミスをして注意されるから苦手なのか…
苦手だから萎縮してミスをするのか…もうわかんなくてさぁ…
はぁ
行ってらっしゃい。
納品にきました
ああどうも…
ん?

納品数
多いよ…
足りないより
いいけどねぇ
ええっ
多い分は
持ち帰ってくれる？
ふー
はいっ！
納品書類などは
すぐ訂正して送ります
あっ
お帰りなさい
どうでした？
ミスした
……
えっ！
あんなに
チェック
してたのに!?
緊張して
聞き間違えたり
するんですかねぇ？
…呪いかも…
へっ!?
病んでる
……
お祓《はら》い
するべきか…
営業中に死んだ霊の
呪縛に違いない
絶対!!

ある先輩の持論

オレは昔から人当たりがいいと言われていた
誰に対してもニュートラルでいられる
これは営業活動に活かせるとテルヤ電機に就職!
清潔感
笑顔
身だしなみ 笑顔 話し方 仕事の仕方 人との距離感 …などなど
接しやすいお客様でもじつは苦手なお客様でもおなじ営業スタイルをつらぬいてきた…
きついこと言われたら不機嫌になっちゃいませんかぁ?
いやぁ…
え
当初は「これならどのお客様からも好評価をいただける」と思っていた…
が

テルヤの営業さん さわやかですねー
気もきくしな
〇〇社では評判がいいのに
□□社ではイマイチだったりする…
あの営業鼻につくんだよなー
心がこもってない感じする
謎だ…
研究が足りない…?
オレさー交渉下手なんだけどー通いつめたらぁ
△△社が好いてくれてさ～
大口の発注もらえちゃった!
わーすごいっすー
愛嬌
…軽っ
営業担当で大切なのはお客様との相性からくる信頼関係のようだ…
はぁ

発注個数

こんにちはぁ
納品にきました～
えっ！何その量!?
ゴロゴロゴロゴロ
え？
ご注文は10箱ですよね？
10個だよ…
1箱は10個入り
聞き間違い!?
ギャアアアアアアー

聞き間違いの他に
お客様が言った個数を箱数だと勘違いするミスを時折やらかす
メーカーには平謝りして残りを返品させてもらう
が！
返品交渉を失敗することも当然ある…
さて今回はどうなることやら
ぶるぶる
…………
まぁ
在庫表
いいよ全部引き取るよ
ありがとうございますぅ～
使い切るまで次の発注はないからね…
お客様が神に見える瞬間！

納品日が気になる
RRR
はい！テルヤ電機です
△△社ですが先日注文した品の納品はいつですか？
あれは…
明後日です
わかりました
ありがとう
翌日
RR
カチャ
テルヤ電機です
書くモノー
△△社ですが先日注文した品の納品はいつですか？
!?

…………
…明日です…
わかりました
さらに翌日
テルヤ電機です
メモメモー
△△社ですが昨日も聞いたけど納品はいつだっけ？
!!?
…今日です…
もしかしたら心配性なのかな
テルヤ電機は「気軽に質問できる会社」といい意味でお客様に認識されているようだ…
△△社がちょっと心配だが…

メール注文

スマートフォンや
パソコンのメールやら
世の中には
便利な連絡ツールが
あふれている
…正直
注文のやり取りって
電話よりメールの方が
個数や製品の間違いが
減ると思うんですよね…
キミたちは
物心ついた頃から
メールがあるからなぁ
む
でもお客様の中には
そういうのが
不慣れな人もまだまだ
多いんだよ
電話の方が早いし
直接話せるってね
それ故
以前は注文のやり取りの
基本は電話でしたが

コロナ騒動後は
注文は電話よりも
メールが多くなった
◆◆社さん
からの注文か
発注依頼
○○を2個
至急宜しくお願いしま
◆◆社
メールでの注文は
やっぱり助かるなぁ
それでも
R
R
R
R
はい！
テルヤ電機…
◆◆社さん!?
今ね…
メール
送ったから〜
!?
高齢の
お客様の中には
メールがちゃんと
届いているか不安で
電話で確認してくる
人がいる…
ワザワザ
アリガトウ
ゴザイマス…
手間では…?
じゃあ
よろしくね〜
ガチャ☆

お客様と仲良くなる

お客様との雑談は思いもよらない展開になることもある
今日は冷えるねぇ
山間部では雪らしいですよ
そうなんだよ！
?
だから今週末スノボをやりに行くんだよ！
キミはスノボできる？
興味あるんですがやったことはないですね
ひとりじゃ不安でぇ
予定が空いてたら連れてくよ〜やってみない？
え！
いいんですか!?
わあー
行きます♡
これはベストな例

ゴルフが好きでねぇ～週末に行くんだぁ
てる男と同期の新人
ほぅ
ついお客様に喜んでもらおうと…
ゴルフって面白そうですよね！
だってオレインドア派だもーん
ゴルフに興味ある!? 枠空いてるから一緒においでよ！
わぁぁ
道具も貸せるから！
ゴルフ仲間少ないんだよぉ～
オゴるし教えるよぉ
嬉しいなぁ
どわーー！
なんて場合も…
営業活動のために土日を費やすことになるが
あー
ぎゃっ
運動苦手だったんだね
ゲームのゴルフならプロ級なんですけどー
お客様に自分を知ってもらうのにも役立つのである

発注トラブル

営業所には営業事務員がいて
営業所に届くファックスやメールの受発注業務や
外回りをしている営業担当の補佐をしてくれます
○○会社の△さんが至急連絡欲しいそうです
了解
外回り先で発生したミスの処理など営業担当からの連絡に対応してくれるが
ああっ
これ注文と違うじゃないか!
ええっ!?
発注したのを早く持ってこい!!
ひーっ!

最速最優先で
緊急対応すべき時は
営業担当本人が動く
しばし
お待ちを!!
ガーッ
在庫…
あった!
よかった～
商品の在庫がある場合は
帰社して
伝票を打ち直し
その日中に
お客様に届け直す
営業担当本人が
どうしても
動けない場合には
上司が動く
こともある
すみません!
外せない予定が
あって～!!
誤発注は
工事のスケジュールに
影響するので
緊急対応になるのは当然!
工程表
事務さんに頼んでる
場合じゃぁ
ないんです――ッ
緊急対応で
本人が動くのは
営業担当であれば
誰もが一度は経験する

続・発注トラブル
発注したのを早く持ってこい!!
誤発注… 新人の営業担当がよくやらかすミス！
お客様が激怒するのは当たり前!!
もももも申し訳ありません〜
謝罪はいいから
え？
在庫がないか調べるとか！
メーカーから最短で取り寄せるとか！ さっさと対応しろ!!
はははははい〜
とはいえ 次の日にはネチネチと言い続けることもなく
ケロリ
後腐れなく接してくれる
職人気質の方が多くて助かる…

誤発注…
新人の営業担当がよくやるミスだ
不慣れ
商品知識乏しい
なので営業担当が新人に替わる度に
次から彼が
お客様は
コイツも1回は誤発注をやるんだろうなぁ…
と覚悟しているのかもしれない…
※個人の妄想です
覚悟しているお客様であっても誤発注をすれば怒られる
怒っているお客様の同僚が「まぁまぁ」とフォローしてくれたりもする…
まぁまぁ新人さんだから…
しゅん…

はげまし
新人君 今日は えらく 暗いねぇ
え？ ミス連発!?
商品サイズの間違いに
発注個数の間違いと
電話注文の聞き取り間違いかー
ははは
グサ
グサ
ウッ笑われてるッ
悪い悪い オマエを笑ったんじゃないんだ
オレも新人の時 同じ失敗をしたな〜って 思い出してさ〜
失敗談!? どうした〜？
え…

電話の聞き間違いなんてしょっちゅうだよなぁ～
オレは個数の聞き間違いをよくやったなー
滑舌悪い人いるもんなー
ん
私もやったなぁ
あれれー何か失敗自慢大会になってる!?
ははは
あはは
…でも
そうか誰でも一度はやる「あるあるの失敗」なんだ…
落ち込んでいないで次に生かせばいいんだ!
あまたのあるある体験
これらを経験して新人社員は一人前の営業担当になっていきます

沿革 History

大正

大正13年6月
創業者、故江川俊郎の個人経営により、電気工事請負並びに電気器具販売を目的として大田区東蒲田にて創業

昭和

昭和20年8月
終戦のために一時、事業を中断

昭和21年5月
戦災跡に復帰し、電気工事材料卸商として再発足

昭和23年11月
合資会社照屋電機商会を設立、法人組織にする

昭和28年4月　松下電器産業(株)と代理店契約を結び、高・低圧コンデンサー他を販売

昭和36年11月　平塚市に平塚営業所を開設

昭和37年4月　立石電機(株)(現オムロン)と特約店契約を結び、これを機に制御機器販売部門を設置
矢崎電線(株)(現矢崎エナジーシステム)と代理店契約を結ぶ

昭和38年9月　松下電工(株)(現パナソニックエコソリューションズ社)と代理店契約を結ぶ

昭和41年6月　戦後発足満20周年を機に、テルヤ電機株式会社を設立、江川敬宣が代表取締役に就任

昭和42年12月　立川市に立川営業所を開設

昭和45年9月　世田谷区用賀に管理センターを発足し、本社機能を移行する。併せて世田谷電材営業所、世田谷機器営業所を開設
従来の東蒲田は登記上の本社所在地とし、同時に蒲田営業所として独立

昭和49年3月　練馬区に北(現春日部)営業所を開設

昭和54年12月　福生市に西営業所、横浜市港北区に港北(現横浜)営業所を開設

昭和57年5月　コンピュータを導入、全営業所オンライン化を完成させる

平成

昭和58年11月　川越市に川越営業所を開設

昭和59年5月　昭島市に新しく多摩営業所(立川・西営業所を統合)を開設

平成1年11月　横浜営業所を港北区新横浜に移転

平成2年8月　座間市に神奈川西電材営業所を開設

平成4年5月　世田谷区用賀に本社ビル建設のため、本社を世田谷区桜新町仮事務所に移転
世田谷区大蔵に東京物流センターを開設、併せて同敷地内に世田谷電材・世田谷制御営業所を移転

平成6年3月　世田谷区用賀に本社ビル(TEビル)を完成

平成8年5月　大宮市に大宮営業所開設

平成11年1月　資本金12,000万円に増資

平成11年3月　本社機能を世田谷区大蔵の東京物流センター内に移転、本社機能と販売部門の一体化を図る

平成12年7月　大和市に神奈川西営業所を移転

平成17年1月　社員持株会発足

平成17年6月　創業80周年を機に代表取締役社長に江川和宏が就任、故江川敬宜は代表取締役会長に就任

平成17年12月　さいたま市に城北営業所を移転、さいたま営業所とする

平成18年5月　蓮田市に大宮営業所を移転、はすだ営業所とする

平成19年5月　横浜市鶴見区にかわさき営業所を開設。相模原市に相模原営業所を開設

平成19年6月　小平市に西東京営業所を開設

平成19年10月　緑区に横浜営業所を移転

平成21年12月　電気工事業登録　はすだ営業所をさいたま営業所に統合

平成22年5月　西東京営業所を多摩営業所に統合

平成25年1月　大江電機株式会社との持株会社設立経営統合発表

平成25年5月
春日部にさいたま営業所を移転し、春日部営業所に改名
新宿区上落合に流通営業部を開設

平成25年6月
葛飾区亀有に城東営業所を開設

平成26年4月
世田谷区用賀に通信特機営業所移転
世田谷区松原に世田谷営業所移転
大江電機株式会社との持株会社設立　DENSEIホールディングス株式会社発足

平成26年5月
横浜市瀬谷区卸本町に物流倉庫移転（DENSEI共通倉庫）

平成26年6月
世田谷区用賀TEビル横に本社ビル完成

平成27年4月
DENSEIホールディングス株式会社の下でのテルヤ電機株式会社及び大江電機株式会社の経営統合を解消
横浜市瀬谷区卸本町の物流センター（DENSEI共通倉庫）をテルヤ電機瀬谷物流センターとして近隣に移転

平成27年5月
かわさき営業所を横浜営業所に統合、相模原営業所を神奈川西営業所に統合

平成28年6月
横浜市緑区中山町に横浜営業所移転

平成29年7月
JSIA(一般社団法人日本配電制御システム工業会)に賛助会員として入会

平成29年11月
八王子市兵衛に物流センターを移転

平成30年5月
八王子市兵衛(物流センターと同敷地内)に多摩営業所、流通営業所を移転

令和

令和2年7月
大田区東蒲田にTEKビル完成

令和2年8月
TEKビルに蒲田営業所、世田谷営業所、城東営業所移転、東京受注センター開設

令和4年5月
神奈川県厚木市に平塚営業所、神奈川西営業所移転

令和5年4月
TERUYA養蜂プロジェクトスタート

令和6年5月
厚木市に静岡営業所、神奈川受注センター開設

令和6年6月
創業100周年

おわりに

本書を手にとっていただき、ありがとうございました。

最後にこの場を借りて、現経営者である私の少し個人的な想いを書き記しておきます。

皆さんも、高速道路のサービスエリアなどで、お手洗いを清掃してくれている方を見かけたことがあるはずです。私はそんな清掃員の方々にいつも声をかけます。

「いつもきれいにしてくれて、ありがとうございます」

もちろん会話になることは少ないですし、なかには「え？」と驚かれる方もいますが、だいたいはニッコリと笑顔を返していただけます。ただ一言かけるだけですが、これで少しでも仕事のモチベーションが上がるならいいな、と思ってやっていることです。

なんだか格好をつけているように思えるかもしれませんが、結局は自分のため、もっと言えば経営のためというのが私の考え方です。「情けは人の為ならず」というように、めぐりめぐって自分に返ってくるものです。

私は〝徳を積む〟ことを意識して生活しています。メジャーリーグの大谷翔平選手がグラウンドのゴミを拾うのは、人が落とした運を拾うためだといいます。同じようなことが経営者にも必要ではないかと思っているのです。

誤解を恐れずに言えば、誰が経営者でもテルヤ電機が潰れることはおそらくありません。本業を外れることさえなければ、ステークホルダーは盤石で、社員の定着率も高い。実際、私が会社に行かなくなっても直ちに問題が生じることはないでしょう。この絶対の安定感が100年の重みです。

では経営者の役割とは何か。それが徳を積むこと、もっと具体的に言えば応援してくれる人を増やすことだと思います。

応援してもらえる人や会社になることは、事業を続けていくうえで非常に大切です。

私は物欲というものがあまりなく、どちらかというと体験に投資をします。トライアスロンに出るし、旅にも出かけるし、20代の人と飲みに行くこともよくあります。すると人を紹介されて輪が広がっていくし、ネットでは得られないような信頼できる情報も得られます。そうして会社でできることも広がったりするのです。

ベンチャー企業の経営者であれば、誰よりも技術も知識もあり、現場の仕事を自ら引っ張っていくことが多いかもしれません。でもテルヤ電機のような100年企業は違います。

すでに強固な本業と盤石の体制がある。ですから、技術や知識以外のところで付加価値を生んでいくのが経営者の役割ではないかと思うのです。

テルヤ電機はまた次の100年を目指して歩み始めています。理念を見失い、人に応援されない会社になってしまったら、もしかすると200周年を迎えられないかもしれません。ですから私はこれからも、テルヤ電機がたくさんの人々に支えていただけるよう、徳を積んでいきたいと思います。

2024年6月　江川和宏

私たちテルヤ電機です。

100年続く会社の理念と挑戦

発行日　2024年 7 月10日　第 1 刷

編著者　テルヤ電機株式会社

本書プロジェクトチーム
編集統括　柿内尚文
編集担当　中山景
マンガ作画　宮前めぐる（第1部）、まやひろむ（第2部、第3部）
マンガ制作　株式会社ゲネシス
デザイン　山之口正和+齋藤友貴（OKIKATA）
校閲　福原美智子
協力　江川和宏、指山明彦、斎藤昭浩、佐藤政明、藤川重紀、冨田大将、丹沢安道、細田昌弘、田村祐美子

営業統括　丸山敏生
営業推進　増尾友裕、綱脇愛、桐山敦子、相澤いづみ、寺内未来子
販売促進　池田孝一郎、石井耕平、熊切絵理、菊山清佳、山口瑞穂、吉村寿美子、矢橋寛子、遠藤真知子、森田真紀、氏家和佳子
プロモーション　山田美恵

編集　小林英史、栗田亘、村上芳子、大住兼正、菊地貴広、山田吉之、大西志帆、福田麻衣
講演・マネジメント事業　斎藤和佳、志水公美
メディア開発　池田剛、中村悟志、長野太介、入江翔子
管理部　早坂裕子、生越こずえ、本間美咲
発行人　坂下毅

発行所　株式会社アスコム

〒105-0003
東京都港区西新橋2-23-1　3東洋海事ビル
編集局　TEL：03-5425-6627
営業局　TEL：03-5425-6626　FAX:03-5425-6770

印刷・製本　日経印刷株式会社

Printed in Japan ISBN 978-4-7762-1350-5